TEORIA DO ÍMPETO

Leandro Bertoldo

*Dedico este livro
às pessoas mais importantes em minha vida:
meus pais
José Bertoldo Sobrinho e Anita Leandro Bezerra,
que sempre se preocuparam
com o meu bem estar,
com a minha educação,
com a minha formação de caráter e,
principalmente,
acreditaram em mim,
apesar de minhas muitas falhas.*

*"Aquele que mais profundamente estudar os mistérios da natureza,
mais plenamente se compenetrará de sua própria ignorância e fraqueza.
Compreenderá que existem profundidades e alturas que não poderá atingir,
segredos que não poderá penetrar, e vastos campos de verdades jazendo diante de si não penetrados".*

Ellen Gould White

**Escritora, conferencista, conselheira
e educadora norte-americana.
(1827-1915)**

PREFÁCIO

A história da Teoria do Ímpeto é uma parte integrante da história do dinamismo, e está ligada profundamente à vida dos grandes heróis da física moderna, entre os quais se destacam: Descartes, Galileu e Newton. O conceito de ímpeto proporciona uma visão fascinante da antiga física do movimento que predominou durante toda a Idade Média, e veio a influenciar as maiores mentes da filosofia natural antiga e moderna.

As origens do conceito de dinamismo remontam à antiga Grécia, dois mil e trezentos anos antes de Leandro Bertoldo criar uma forma moderna de dinamismo. Deste modo, o dinamismo é o elo da corrente que liga a física de Aristóteles do princípio de que "tudo o que se move é movido por outro" às ideias mais sofisticadas da Física Clássica.

A formação deste livro está baseada numa estrutura basicamente cronológica, que começa descrevendo a natureza revolucionária do dinamismo de Aristóteles no estudo da Mecânica, passando pela influente Teoria do Ímpeto e terminando com a apresentação da moderna Teoria do Dinamismo, e tudo isso analisado sob o olhar crítico da física moderna.

Uma breve introdução oferece ao leitor um vislumbre do que será discutido e analisado no decorrer deste livro. O capítulo I conta a história da vida pessoal de Aristóteles de Estagiam, descreve como esse sábio compreendia a causa do movimento e discorre sobre as razões dos seus principais equívocos. O capítulo II narra a história do astrônomo grego Hiparco de Nicéia e a sua proposta alternativa à mecânica de Aristóteles, na explicação das causas dos movimentos violentos.

O capítulo III descreve as ideias de alguns dos grandes intelectuais da Idade Média que introduziram no estudo da filosofia natural o conceito de ímpeto. Entre esses estudiosos foram relacionados: Filopono, Avicena, Buridan e Nicole d'Oresme. No capítulo IV o autor faz uma rigorosa crítica mostrando as deficiências da Teoria do Ímpeto em face dos conceitos da moderna ciência da física.

Dos capítulos V ao X o autor procura mostrar que os cientistas da Idade Moderna adotaram em algum momento de suas vidas os conceitos mais sofisticados da Teoria do Ímpeto, com o objetivo de explicar os fenômenos que estavam sendo descobertos e analisados experimentalmente pela nova física. Deste modo, Descartes tentou explicar a aceleração dos corpos pelos acréscimos infinitesimais de ímpeto. Galileu teorizou o cálculo do valor do ímpeto resultante num movimento retilíneo e uniforme e num movimento uniformemente variado. Newton procurou explicar o movimento inercial pelo conceito de uma força intrínseca inerente ao móvel.

Os capítulos XI e XII abordam a história pessoal de Leandro Bertoldo e a sua descoberta da moderna Teoria do Dinamismo. O capítulo final faz uma breve retrospectiva da essência de tudo o que foi apresentado nos demais capítulos, mostrando algumas falhas dos antigos conceitos de dinamismo defendidos por vários filósofos naturais desde Aristóteles até Newton. Também apresenta o moderno dinamismo como uma grande teoria unificadora da Cinemática com a Dinâmica, e também como a única solução racional para vários problemas apresentados pela Mecânica Clássica.

Ao contar a história do dinamismo no decorrer do tempo, o autor procurou evitar a apresentação de qualquer equação, limitando-se muitas vezes a apresentar seu enunciado na forma de prosa, com a explicação de seu conteúdo físico.

Embora o ímpeto seja uma teoria de dinamismo bastante antiga, e tenha sido a menina dos olhos de muitos filósofos naturais escolásticos, chegando mesmo a influenciar os cientistas do início da Idade Moderna, o autor espera ter conseguido transmitir um entendimento claro e conciso sobre tal conceito, oferecendo ao leitor um vislumbre do mundo fascinante do dinamismo aplicado na física antiga e moderna.

Leandro Bertoldo

SUMÁRIO

13. Epílogo

Glossário
Bibliografia

INTRODUÇÃO

"Quanto mais informado você estiver,
tanto mais capaz será de indagar
o que considera ser um conhecimento mais profun-
do
com relação àquele assunto".
Robert Hook

Observando o movimento dos corpos em queda livre e o seu impacto contra uma superfície plástica, bem como relacionando a intensidade da velocidade com a violência do impacto, o adolescente e estudante colegial Leandro Bertoldo, desenvolveu em janeiro de 1978 a hipótese de que a velocidade adquirida pelos corpos em queda livre estava *diretamente* relacionada com uma determinada força, cuja natureza lhe era totalmente desconhecida naquela ocasião. Na época, ele realizou alguns cálculos rudimentares relacionando velocidade e força de impacto que o convenceram de que a velocidade era causada por uma grandeza física que denominou por *força induzida*. Ele compreendeu que a força induzida era a causa da velocidade adquirida pelos corpos e também a causa da violência do impacto observado num choque mecânico. Com esse conceito de força induzida em mente, que se verifica em qualquer tipo de movimento, fundou sozinho o que denominou por "Teoria do Dinamismo", ramo da Física que se torna relevante quando se deseja alcançar uma compreensão mais profunda sobre as causas fundamentais dos movimentos dos corpos. O modelo defendido pelo Dinamismo reflete sensivelmente todos os dados e informações experimentais obtidas pela Física. Em essência esse modelo se revelou como a teoria científica que se preocupa em estudar o movimento unicamente sob a perspectiva das forças que os produzem, apresentando as razões do "por que" e "como" todos os corpos se movem.

Os antigos sábios acreditavam que a compreensão das propriedades do movimento era de fundamental importância para se entender o mecanismo pelo qual a natureza funciona. E, durante séculos, os estudos das *causas* do movimento foram motivos de intensos e acirrados debates por partes dos filósofos naturais, como eram então chamados os antigos cientistas, mais precisamente os físicos.

As primeiras explicações racionais para a compreensão da causa do movimento foram propostas há dois mil e trezentos anos pelo célebre filósofo grego Aristóteles de Estagira (384-322 a.C.). Este sábio supunha que o movimento (mudança de lugar) pode ser explicado pelo conceito de *potência* e *ato*. Tal filosofia pode ser compreendida conforme ao que se segue: um corpo em seu estado natural de repouso é tido como repouso em ato. Todavia, como esse mesmo corpo pode se movimentar pode-se dizer que também possui movimento em forma de potência. Deste modo, a mudança do repouso para a situação de movimento seria o resultado de um princípio geral de "transformação de situações" verificado por uma alteração de potência em ato. Segundo Aristóteles a potência não se manifestava espontaneamente em ato. Para que tal processo ocorresse era necessário um agente externo capaz de produzir a mudança requerida. E, nas próprias palavras de Aristóteles, haveria a necessidade de uma *causa eficiente*, ou seja, de um agente responsável pela transformação da potência em ato conforme observado. No caso do movimento, a causa eficiente consistia num motor. Deste modo, o corpo passa de um estado natural de repouso para uma situação de movimento pela ação de um motor.

Para Aristóteles a *causa eficiente* da mudança da situação de repouso para a de movimento seria a grandeza física que hoje em dia é conhecida por *força externa* e o *ato* seria o próprio *deslocamento* do corpo. Ocorre que as experiências realizadas pelo cientista italiano Galileu Galilei (1564-1642) no século XVII demonstraram, sem deixar margem de dúvidas, que as grandezas físicas aristotélica que representam o conceito filosófico de potência e ato estavam totalmente equivocadas, razão pela qual a moderna ciência da física acabou por rejeitar a suposição defendia por Aristóteles e seus asseclas.

Para Aristóteles todo corpo tende à imobilidade, razão pela qual havia imaginado que qualquer corpo em movimento possui a tendência natural e espontânea para diminuir o seu movimento até que finalmente viesse a parar, a menos que alguma força externa fosse aplicada continuamente sobre ele para mantê-lo em sua situação de movimento. Também pensava que um corpo mais pesado levaria menos tempo para cair na terra do que um mais leve porque a força (peso) que o impulsionaria seria maior num corpo maior e menor num corpo menor. Suas idéias permitem estabelecer os seguintes postulados:

1º - *Enquanto estiver sob a ação de uma força externa, um corpo mantém o seu estado de movimento.*

2º - *Cessada a ação da força externa, o corpo retorna ao seu estado natural de repouso.*

3º - *Um corpo pesado cai mais rápido do que um leve.*

Segundo Aristóteles, qualquer que fosse o tipo de movimento observado, seja ele natural (queda livre) ou violento (arremesso de projéteis), eles estariam sempre sujeitos à ação de uma força externa operando de forma contínua sobre o corpo para mantê-lo em seu estado de movimento.

Apesar da bem elaborada idéia de Aristóteles, durante a Idade Média, alguns filósofos que passaram a ser conhecidos como "físicos parisienses", defenderam uma outra suposição alternativa visando explicar a causa dos movimentos violentos. Para eles o movimento continuava sendo caracterizado como resultado da potência e do ato. Todavia, entendiam que a *causa eficiente* era representada por uma grandeza física que chamavam por *impetus* ou na língua portuguesa: "ímpeto". Se era uma força, energia ou qualquer outra coisa, verdade é que ninguém sabia, mesmo porque a sua natureza qualitativa nem ao menos estava bem definida e muito menos o seu conteúdo quantitativo. Segundo essa suposição, o ímpeto era injetado no corpo no momento em que ele era arremessado. Quanto ao ato, entendiam que seria o deslocamento do corpo resultante da ação do ímpeto. Também chegaram a imaginar que espontaneamente o corpo tende a diminuir o seu estado de movimento e a parar porque o ímpeto empregado para movimentá-lo era gradativamente consumido ou gasto em tal processo.

No século dezessete, Galileu Galilei realizou duas experiências cruciais que vieram a demonstrar a falácia da filosofia de Aristóteles e de seus seguidores. As conclusões de Galileu foram obtidas da seguinte forma:

a) Trabalhando com superfícies cada vez mais polidas, Galileu acabou inferindo que, na ausência total de atrito, qualquer corpo permanece em seu estado de movimento sem que seja necessário aplicar continuamente a ação de qualquer força externa. Essa conclusão contrariava totalmente a filosofia aristotélica, a qual exigia a necessidade da continuidade de uma força para manter a situação de movimento de um corpo.

b) Em outra célebre experiência, supostamente realizada do alto da Torre de Pisa, Galileu mostrou que dois corpos de diferentes pesos, ao serem largados da mesma altura e no mesmo momento, chegam ao solo no mesmo instante. Ou seja, o movimento de qualquer corpo em queda livre independe do seu peso. Isso também contradizia o que os filósofos aristotélicos acreditavam, pois ensinavam que um corpo mais pesado cairia mais rapidamente do que um corpo mais leve.

Em termos quantitativos, Galileu havia verificado experimentalmente que em queda livre todos os corpos adquirem velocidades que variam proporcionalmente com a variação de tempo decorrido de queda livre, independentemente do peso ou da massa que venham a possuir. Também ofereceu uma noção rudimentar do que seria mais tarde conhecida como princípio da inércia. Este princípio permite afirmar que: qualquer corpo que se encontra em movimento num vácuo, sempre apresentará a tendência natural para continuar em tal estado de movimento, a menos que uma força superveniente venha a atuar sobre ele. Quando um corpo está em repouso a sua tendência é a de que continue em tal estado de repouso, a menos que uma força superveniente venha a operar sobre ele, alterando a referida situação.

O célebre físico inglês Isaac Newton (1642-1727) demonstrou que um corpo que se desloca no vácuo, quando na ausência de força externa, mantém sua velocidade constante no decorrer do tempo. Também demonstrou que uma força externa de intensidade constante produz uma velocidade que varia uniformemente no decorrer do tempo. Isso significava que a força externa não guardava nenhuma relação *direta* de proporcionalidade com a velocidade, mas sim com a aceleração. Essas conclusões contradiziam frontalmente as idéias defendias por Aristóteles de que a força externa era a causa da intensidade do movimento, pois este filósofo acreditava que o movimento somente aumentava em função do aumento da intensidade da força externa aplicada sobre o corpo. Todavia, Newton demonstrou que isso não ocorre, pois o movimento se intensifica independentemente da variação da intensidade de força aplicada sobre o corpo. Em 1687 Newton publicou suas demonstrações matemáticas num livro que se tornou a bíblia do novo paradigma científico, intitulado por *Princípios Matemáticos de Filosofia Natural.*

Ao realizar suas pesquisas em Cinemática, Galileu se absteve de analisar objetivamente a "causa" do movimento. Simplesmente desejava entender ou compreender "como" os corpos se movem e *não* "por que" se movem. Mas, Leandro Bertoldo, caminhando num outro sentido, procurou compreender "por que" e "como" os corpos se movem. Assim, trezentos anos depois de Galileu e de Newton, Leandro verificou que a força, diretamente responsável pela velocidade dos corpos, seria comunicada ao móvel por meio de um processo chamado de "indução". A princípio, tal processo ocorre enquanto o móvel se encontra sob a ação de uma força externa. Deste modo, propôs a hipótese de que a velocidade de um corpo estava diretamente relacionada com uma certa "força induzida", a qual permanecia conservada no móvel. Com tal hipótese em mente criou e desenvolveu a sua física do dinamismo. Demonstrou matematicamente a relação existente entre velocidade e força induzida. Mostrou que a força induzida operava tanto no movimento uniforme como no movimento uniformemente variado ou em qualquer outro tipo de movimento.

Fez previsões e aplicações, que estão em perfeita concordância com os fatos observados e analisados pela física.

É interessante lembrar que Leandro desenvolveu toda sua teoria sobre a causa fundamental da velocidade desconhecendo que essa questão, numa forma bastante rudimentar e primitiva, já havia sido debatida por outros eminentes pesquisadores. Ou seja, a relação entre força e movimento havia sido considerada por vários filósofos naturais, tanto antigos como modernos, e muitos de renome internacional. Entre os antigos cita-se Hiparco, Filopono e Buridan, e entre os modernos, pode-se citar Galileu, Descartes e Newton.

Em sua juventude, Galileu havia abraçado por algum tempo a influente teoria do ímpeto como uma explicação dinâmica perfeitamente razoável para justificar a causa da velocidade e do movimento dos corpos. Descartes tentou justificar o movimento e o impacto dos corpos por meio de uma suposta força interna do corpo em movimento, a qual chamava de "força de movimento de um corpo". Newton, durante vinte anos, também se debateu com um conceito de "força intrínseca", como uma explicação razoável e lúcida para a causa do movimento inercial.

Todos esses pesquisadores, dependendo da filosofia adotada, em algum momento de suas vidas, consideraram seriamente o estudo do movimento relacionado com alguma força interna ou ímpeto. Porém, nenhum deles jamais chegou a demonstrar quantitativamente, matematicamente ou mesmo experimentalmente suas idéias nesse campo. Tudo não passava de pura imaginação ou, no máximo, uma simples suposição baseada na antiga física medieval.

A causa do fenômeno da inércia tem sido uma das forças da natureza mais difíceis de se conceber. Todavia ela representa a descoberta fundamental que mudou o paradigma da física, golpeou fatalmente a filosofia natural aristotélica e aniquilou a antiga física medieval. Foi justamente na tentativa de definir o movimento inercial, sem contrariar a sua definição de força externa, que Newton acabou por abandonar o seu atraente conceito de força intrínseca.

Realmente, é extremamente difícil conceituar uma nova força e dar a ela um significado físico que seja perfeitamente funcional dentro da mecânica racional, sem contrariar nenhum fato observado. Apesar dessas dificuldades, Leandro conseguiu fazer essa alternância, coisa que outros pensadores como Galileu e Newton tentaram, mas em vão.

Em janeiro de 1978 Leandro havia sistematizado sua teoria num pequeno artigo intitulado "Dinamismo", no qual apresentou as suas demonstrações matemáticas de algumas leis básicas sobre a causa do movimento, conforme mostram os seguintes enunciados:

1ª Lei - *No movimento retilíneo e uniforme ao infinito, a velocidade de um corpo é diretamente proporcional à sua quantidade de força induzida.*

2ª Lei - *No movimento uniformemente variado, a variação de velocidade de um corpo é diretamente proporcional à sua variação de força induzida.*

3ª Lei - *No movimento uniformemente variado, a variação de força induzida num corpo é diretamente proporcional à variação de tempo.*

4ª Lei - *Sob a interação da força induzida qualquer corpo mantém o seu estado de movimento retilíneo e uniforme ao infinito.*

5ª Lei - *Na ausência da força induzida qualquer corpo mantém o seu estado de repouso absoluto.*

De imediato se pode verificar que esses princípios iniciais, que futuramente dariam origem à Teoria do Dinamismo, são revolucionários. E isto por vários motivos, quais sejam:

a) A teoria prevê uma causa para o repouso e outra para o movimento inercial de um corpo, enquanto que a Teoria Dinâmica Newtoniana prevê uma só e mesma causa tanto para o repouso como para o movimento inercial.

b) Sob a perspectiva da Teoria do Dinamismo, o *repouso* é devido unicamente à *ausência* de força induzida no corpo, e o *movimento inercial* ou qualquer outro tipo de movimento é causado unicamente pela *conservação* da força induzida no móvel.

Porém, sob a perspectiva da Teoria Dinâmica Newtoniana, tanto o repouso quanto o movimento uniforme e retilíneo ao infinito é explicado unicamente pela ausência de *forças externas*, o que também é uma verdade defendida pela Teoria do Dinamismo.

c) O modelo de Leandro prevê uma modalidade de força relacionada com a velocidade, enquanto que a teoria newtoniana prevê uma modalidade de força relacionada com a aceleração.

d) O dinamismo de Leandro estabelece que a velocidade de um corpo apresenta uma relação direta de proporcionalidade com a força induzida, enquanto que a dinâmica de Newton não estabelece nenhuma relação entre velocidade e força.

e) Pelas conclusões retro mencionadas fica claro que o modelo de Leandro, por defender a ação simultânea entre força e movimento, caracteriza o que pode ser chamado de dinamismo e o modelo defendido por Newton caracteriza uma dinâmica.

Todavia, quando Leandro começou a considerar a questão da resistência oferecida pela inércia da matéria e desejou saber qual era a relação qualitativa e quantitativa existente entre a força induzida e a força externa, a sua teoria viu-se em sérias dificuldades, pois não levava em consideração de forma "explicita" tal efeito. E todas as tentativas que o jovem cientista realizou na época para solucionar o problema, resultaram infrutíferas. Razão pela qual resolveu deixar essa questão de lado para uma ulterior análise.

Em 1995, ao fazer um inventário de suas descobertas científicas realizadas em anos anteriores, resolveu, finalmente, enfrentar o problema deixado sem solução no Dinamismo. Nessa segunda fase de seu trabalho ele demonstrou matematicamente a relação entre dinamismo e dinâmica, e também apresentou uma teoria que explicou a validade das seguintes leis gerais do movimento:

Lei I - *A força externa que atua sobre um corpo é igual ao produto entre sua massa pela aceleração que apresenta.*

Lei II - *O impulso, que resulta da força externa ao interagir com a oposição oferecida pela inércia, é igual ao produto* *entre a constante universal chamada estímulo pela aceleração que o corpo apresenta.*

Lei II - *A variação de força induzida num corpo no decorrer do tempo, devido a interação do impulso, é igual ao produto entre a intensidade do impulso pela variação de tempo.*

Por meio destas leis, Leandro generalizou definitivamente a sua Teoria do Dinamismo, a qual está fundamentada na interação de três grandezas físicas básicas, rigorosamente definidos, a saber: **a)** *força externa*, **b)** *impulso*, **c)** *força induzida*. Estes três conceitos englobam toda a Mecânica Clássica e toda a Teoria do Dinamismo. E grosso modo, pode-se dizer que engloba até mesmo alguns poucos aspectos da antiga Teoria do Ímpeto, embora sob uma perspectiva totalmente diferente.

O Dinamismo está destinado a agitar a ciência da física e reabrir uma controvérsia que aparentemente havia sido resolvida por Galileu Galilei e Isaac Newton. Estes gigantes da ciência haviam chegado à conclusão verdadeira de que o movimento *não* consistia num mesmo instante em *força externa* e *deslocamento*, como acreditavam os filósofos aristotélicos. Segundo esses dois cientistas, qualquer corpo em movimento retilíneo e uniforme mantém seu estado de movimento ao infinito independentemente da necessidade de estarem submetidos à contínua ação de qualquer força externa.

Pelo que se depreende da análise da teoria do dinamismo, Leandro também chegou às mesmas conclusões, contudo considerou que o movimento é a um só tempo resultado da *força induzida* e *velocidade*. Ainda estudante colegial, ele não considerou a relação do deslocamento do corpo, mas sim da velocidade; não considerou uma grandeza mal definida chamada de *ímpeto*, mas sim de uma grandeza física bem definida, tanto matematicamente quanto qualitativamente, denominada por *força induzida*, a qual estava diretamente vinculada com a velocidade do corpo. A partir dessas conclusões ficou bem claro que o movimento, segundo a ampla definição filosófica de Aristóteles, ainda pode ser caracterizado como *potência* e *ato* operando num mesmo instante, porém, deve-se entender que a *causa eficiente* é a "força induzida" e não a força externa ou o ímpeto, e entender por *ato* a "velocidade" e não o movimento ou o deslocamento do corpo. E, como se pode verificar, a Teoria do Dinamismo consegue tornar inteligível um grande número de fatos deixado de lado pela Mecânica Clássica.

Com certas ressalvas, fica evidente que na presente síntese é simplesmente inevitável evitar a idéia de construir uma teoria mecânica que venha a reconciliar idéias da antiga física medieval do ímpeto com a física moderna desenvolvida por Galileu e por Newton com os seus conceitos matemáticos de velocidade, aceleração e força externa. Realmente é uma tremenda ousadia conceitual reintroduzir tais idéias no seio da física e desenvolver toda uma nova mecânica extremamente rigorosa, apresentar novos conceitos, criar diferentes tipos de forças, definir leis que descrevem exatamente os fatos observados. E apesar destas dificuldades, e de muitas outras que não foram relacionadas na presente obra, Leandro Bertoldo conseguiu tal generalização.

A Teoria do Dinamismo veio a possibilitar a unificação de duas partes da Mecânica Clássica, que até então eram consideradas distintas, a saber: a "Cinemática de Galileu" e a "Dinâmica de Newton". Estas duas partes da Mecânica foram unificadas num conceito todo único, coerente, lógico e principalmente racional, uma tarefa que Newton e muitos outros cientistas tentaram realizar, mas fracassaram.

CAPÍTULO I

ARISTÓTELES E O MOVIMENTO

1.1. Introdução

Na Antigüidade Clássica o genial filósofo grego Demócrito de Abdera (460-370 a.C.) veio a sistematizar e levar adiante as extraordinárias idéias apresentadas na célebre doutrina atomista, criada na antiga Grécia do século V antes de Cristo por seu genial mestre Leucipo de Mileto, discípulo de Zenão de Eléia.

Demócrito foi autor de aproximadamente noventa obras filosóficas, da quais restaram poucos fragmentos, e que versam sobre os mais diversos assuntos, tais como física, matemática, astronomia, biologia e moral. Este filósofo natural alcançou a celebridade quando apresentou ao mundo as suas suposições filosóficas sobre a existência e interação dos átomos. Todavia, para demonstrar a realidade desses átomos não apresentou nenhuma prova, empregou apenas o seu poderoso raciocínio lógico.

Para ele, os átomos são corpúsculos indivisíveis, indestrutíveis e imutáveis, todos constituídos pela mesma substância. Basicamente, se diferenciavam quanto ao tamanho, posição, ordem e forma. E, regido pelo acaso, os átomos se encontram em movimento desordenado no vácuo, colidindo entre si, juntando-se e separando-se, dando origem aos mais variados agrupamentos regulares. E, unicamente baseado em sua teoria dos átomos, Demócrito foi capaz de explicar como se dá a constituição dos mais diversos fenômenos que ocorrem no universo. E, com relação ao movimento dos átomos no vácuo, ele ensinava o seguinte:

Todas as coisas ocorrem necessariamente em conseqüência de uma causa.

A cor existe por uma convenção, o doce por convenção, o amargo por convenção, na realidade nada existe, além de átomos e vácuo.

No vácuo os átomos mais pesados caem mais depressa do que os mais leves.

Posteriormente, Aristóteles de Estagira, o maior filósofo e o mais influente pensador que a Grécia já produziu nos últimos dois mil e trezentos anos, também estando destituído de qualquer prova científica, ao comentar e criticar a teoria atômica de Demócrito argumentou que se o vácuo realmente existisse tudo deveria cair com a mesma velocidade, já que no vácuo o *movimento* deveria ser infinito em duração para todos os corpos.

Para Aristóteles o movimento de qualquer corpo estava vinculado à ação da força externa aplicada sobre ele e aderido à resistência oferecida pelo meio ambiente. Com base neste princípio ele defendeu a tese de que se fosse possível a existência do vácuo o movimento deveria ser instantâneo, com uma velocidade infinita, uma vez que não haveria nenhuma forma de resistência para deter o movimento do corpo. Como Aristóteles considerou o movimento instantâneo uma impossibilidade, também concluiu que a existência do vácuo era algo inconcebível.

Ele também defendia a idéia de que o mundo celeste era constituído por uma quinta-essência (quintessência). Elemento bastante sutil que mais tarde seria denominado de "éter", o qual preencheria todo o universo. Eis outra razão pela qual Aristóteles considerou que o vácuo era algo inconcebível, não possuindo nenhuma existência real.

Por causa dessas concepções equivocadas ele também considerou inteiramente falsa a teoria dos átomos, acabando por rejeitar os lúcidos conceitos razoavelmente apresentados e defendidos por Demócrito.

1.2. Aristóteles de Estagira

Aristóteles nasceu em 384 antes de Cristo na cidade de Estagira, localizada na Macedônia, exatamente quinze anos após a morte de Sócrates, que segundo o oráculo de Delfos, era "o mais sábio dos atenienses porque era o único que sabe que nada sabe".

O pai de Aristóteles se chamava Nicômaco e era um intelectual eminente, médico particular de Amintas II, rei da Macedônia e futuro avô de Alexandre, de modo que o menino cresceu num ambiente acadêmico, rodeado de livros e discussões filosóficas. Existem fortes evidências de que Aristóteles, ainda bem jovem, foi apresentado ao mundo da ciência por intermédio de seu pai que o iniciou no estudo da medicina e biologia. Verdade é que as disciplinas biológicas despertaram nele tamanha fascinação que durante toda a sua vida exerceram uma influência duradoura sobre seus pensamentos.

Aos dezessete anos de idade, após a morte de seu pai, Aristóteles conseguiu ingressar na Academia de Atenas sob a direção de Platão, que naquele momento se encontrava afastado de suas atividades acadêmicas. Pois, a convite do rei Dionísio II, Platão encontrava-se na distância Siracusa, capital da Sicília, trabalhando arduamente para implantar e tornar realidade o seu projeto de governo de homens sábios. E, decorrido um ano de intenso labor, o projeto fracassou e foi um grande motivo de frustração para Platão. Nessa época Platão contava sessenta e um anos de idade e era considerado um dos maiores filósofos e cientista político de sua época. Ele havia construído sua reputação com base em seus dotes de um filósofo profundo, possuidor de um estilo próprio extremamente lúcido e preciso que até aos dias de hoje despertam e encantam os mais diversos espíritos.

Aristóteles permaneceu na Academia durante um período de vinte anos, mais precisamente, até a morte do mestre, que ocorreu em 347 a.C. Sua mãe, que possuía muitas posses, sustentou o filho na Academia durante esse período. Nessa instituição, Aristóteles amadureceu intelectualmente e era amigável para com todos os estudantes, boa parte dos quais descendiam de famílias tão privilegiadas quanto à dele. Construiu fortes laços de amizade com um outro estudante da Academia, Xenócrates, o qual durante a sua vida continuou sendo o seu companheiro mais íntimo. Os registro indicam que na Academia Aristóteles foi um aluno exemplar e brilhante, era tão bem dotado para as artes, como para a filosofia e ciência. Ele possuía um enorme entusiasmo e uma insaciável fome de aprender cada vez mais. Esta era a razão pela qual possuía grande facilidade na vida escolar, absorvia idéias, conceitos e doutrinas com tremenda rapidez. Durante o período em que esteve na Academia escreveu numerosos diálogos, e dedicou toda sua energia ao estudo dos antigos filósofos, anteriores a Sócrates. Aristóteles gastou uma verdadeira fortuna na compra de livros e se tornou o primeiro homem, depois de Eurípedes, a organizar e possuir uma biblioteca particular. De todos os alunos que foram orientados por Platão, Aristóteles era considerado o mais talentoso e criativo, era tão extraordinário que Platão chamou-o de "a inteligência personificada". Quando Platão faleceu, Aristóteles escreveu uma lamentação poética expressando o luto e o pesar sentido pela morte do querido mestre.

Infelizmente para Aristóteles, ele não conseguiu a direção da Academia, que ficou aos cuidados de Espeusipo, sobrinho de Platão. Foi então que revolveu viajar para a Ásia Menor, onde se estabeleceu na cidade de Assos. Nessa localidade permaneceu por um período de três anos e juntamente com o seu colega de estudos Xenócrates, fundou uma Academia Colonial. Finalmente Aristóteles se sentia inteiramente livre e à vontade para se dedicar integralmente às suas pesquisas preferidas. Essa cidade era governada por um poderoso e rico político chamado Hérmias, com quem Aristóteles havia estabelecido um forte laço de amizade, vindo até mesmo a se casar com Pítias, filha adotiva de Hérmias. Aristóteles teve com ela dois filhos, um menino e uma menina e foi muito feliz com a mulher, referindo-se a ela em termos afetuosos. Quase que de imediato, Hérmias havia se tornado discípulo e grande amigo íntimo de Aristóteles. Quando Hérmias foi assassinado numa intriga política, Aristóteles escreveu uma lamentação poética em homenagem ao falecido.

Em 343 antes de Cristo, aos quarenta e dois anos de idade, Aristóteles viajou para a Macedônia a convite do rei Filipe, pai de Alexandre. Este era um adolescente de treze anos de idade, totalmente alienado e genioso. Uma vez instalado na corte, Aristóteles permaneceu como preceptor de Alexandre durante sete anos. Quando Felipe foi para campanha, Alexandre passou a administrar os negócio políticos como regente.

Em 335, com a idade de quarenta e nove anos, Aristóteles retornou para Atenas, onde fundou sua própria escola perto do templo de Apólo Lício, de onde se originou o nome Liceu, dado à sua escola que mais tarde se tornou conhecida por escola "peripatética", porque o mestre ensinava caminhando com os seus discípulos pelas alamedas do jardim que cercava a escola. Ela foi dirigida por Aristóteles por um período de aproximadamente doze anos e recebeu do filósofo uma influência preponderantemente típica das ciências biológicas.

Durante toda a sua vida, Aristóteles manteve um excelente relacionamento com Alexandre, o qual em suas campanhas recolhia de diversos países espécies de plantas e animais, os quais encaminhava para as pesquisas de Aristóteles. Conta-se que em certa ocasião Alexandre financiou uma expedição com mais de mil homens que saíram por toda a Grécia e pela Ásia à procura de material científico para Aristóteles e seus discípulos analisarem.

Após a morte de Alexandre, razões políticas levaram Aristóteles a ser malvisto pelos atenienses, que o acusaram de impiedade e ofensa religiosa contra os deuses. Na época, essa acusação era tão grave que poderia levá-lo a ser condenado à morte, como ocorreu com Sócrates meio século antes.

Com a intensificação das hostilidades contra Aristóteles, ele achou por bem se retirar para a propriedade de sua mãe localizada na Calcídia, vindo a falecer apenas alguns meses depois de sua chegada, com a idade de sessenta e dois anos.

A obra de Aristóteles perfaz grande número de volumes, aproximadamente cento e vinte livros, abordando vários ramos do conhecimento: Física, Metafísica, Astronomia, Matemática, Biologia, Teologia, Medicina, História Literatura, Política e Ética. Desses trabalhos, cerca de dois terços desapareceram. Os Seus livros mais importantes são: *Retórica*, *Ética a Nicômaco*, *Ética a Eudemo*, *Organon*, *Primeiros Analíticos*, *Segundos Analíticos*, *Física*, *Metafísica*, *Sobre o Céu*, *Crescimento e Decadência*, *Sobre a Alma*, *As Partes dos Animais*, *Política*, e outros.

É difícil imaginar ou considerar que possa ter existido alguém com um cérebro tão privilegiado como o de Aristóteles. Durante toda sua vida, a sua mente foi extraordinariamente brilhante e ativa em todos os campos do conhecimento humano. Era capaz de aprender e apreender com perfeição o significado de todos os assuntos existentes em sua época. Chegou a assimilar com exatidão todas as pesquisas e estudos de pensadores anteriores, e organizou-os sistematicamente num corpo altamente coerente de doutrinas, além de acrescenta-lhes o seu próprio esforço intelectual, resultado de suas profundas reflexões. Chegou até mesmo a criar novas áreas do conhecimento humano desenvolvendo o tema a partir dos seus primeiros rudimentos. O trabalho que legou à humanidade permite avaliá-lo e considerá-lo como um gênio universal. É por isso que ele ficou sendo conhecido na história como "o filósofo".

1.3. Mecânica Aristotélica

Com sua admirável inteligência e ampla visão de mundo, Aristóteles abraçou a concepção dos quatro elementos ou essências básicas - fogo, terra, ar e água - desenvolvida por Empédocles. Partindo desses conceitos, formulou sua própria interpretação, acreditando que qualquer substância existente na natureza era uma combinação de quantidades diferentes desses quatro elementos. Conforme Aristóteles, todo e qualquer objeto possui o seu lugar natural, que é determinado pela sua essência. Desse modo, o lugar da terra era em baixo; o lugar da água era sobre a terra; o lugar do ar era acima da água e o lugar natural das chamas era acima do ar. E cada um desses elementos se movia para ocupar o seu lugar natural.

Aristóteles também desenvolveu uma teoria para explicar a causa do movimento dos corpos. Ele supunha que a causa do movimento era devida unicamente à ação de uma força externa (motor) que operava sobre o corpo (movente). Sua tese era que todo movimento requisitava um motor, e que este era distinto e nunca se separava do próprio corpo em movimento. Com relação e este assunto, suas idéias, em síntese, podem ser postuladas da seguinte forma:

Para que um corpo mantenha o seu estado de movimento é necessário que ele seja continuamente impulsionado pela ação de uma força externa.

Quanto mais rápido for o movimento desse corpo tanto maior será a ação da força externa que o impulsiona.

Quando a ação da força externa cessar de impulsionar esse corpo, o seu movimento também cessará e o corpo entrará no seu estado natural de repouso.

Para Aristóteles o movimento era potência e ato. Em outras palavras, "tudo o que está em movimento é movido por alguma coisa". Desse modo, Aristóteles e os seus seguidores pensavam que para um corpo mover-se em linha reta com um movimento uniforme, era necessária a presença da ação de uma força externa para empurrá-lo continuamente, caso contrário, esse corpo retornaria ao seu estado natural de repouso.

Durante a Idade Média esse conceito aristotélico passou a ser conhecido como *cessante causa cessat effectus* (cessada a causa, cessa o efeito). Diante desse conceito, fica claro que a física aristotélica não era inercial, pois claramente definia qualquer tipo de movimento por sua causa motora.

A filosofia aristotélica procura explicar e classificar a causa do movimento de uma pedra da seguinte forma:

1º - A pedra se movimenta devido a algum princípio extrínseco, como por exemplo, ao ser levantada a uma altura qualquer. Nesse caso, quando a pedra é erguida, é necessária a ação de alguma coisa externa, pois deixada por si mesma, a pedra permaneceria para sempre no local em que se encontrava.

2º - Ao ser largada de uma altura qualquer, a pedra se move sozinha em direção ao solo. Pela tradição aristotélica, a queda da pedra é atribuída ao fato de que ela é pesada e composta do elemento terra, e por isso se move naturalmente para baixo para ocupar o seu lugar natural, a menos que uma ação extrínseca venha a se opor ao movimento de queda livre.

3º - Para Aristóteles quanto maior for a força externa que atua sobre uma pedra, tanto mais rápido será seu movimento. Dessa forma quanto maior for o peso de uma pedra em queda livre, tanto maior será o seu movimento.

4º - Com relação ao movimento de um projétil que se desloca no ar, devido ao efeito de algum arremesso, Aristóteles fez a seguinte afirmação:

Os projéteis movem-se após ser lançados porque o ar, empurrado, empurra-os por sua vez com um movimento mais veloz daquele deslocamento do corpo empurrado em virtude do que o corpo mesmo é deslocado em direção ao seu lugar próprio. Nenhuma destas coisas pode ser verificada no vácuo e nenhuma coisa poderá ser deslocada, senão mediante um veículo. [1]

Segundo Aristóteles, no chamado movimento violento, o projétil arremessado empurra o ar, o qual, para ocupar a sua posição anterior, empurra o projétil, pois o corpo jamais poderá ser deslocado senão mediante a ação de uma força externa que o empurra. Ou seja, admite-se que o meio aéreo impulsiona o móvel forçando-o a se deslocar. Isso ocorre porque o ar ao fechar-se por detrás do corpo em movimento vai pressionado e projetando o móvel de forma contínua. E este movimento só termina quando o corpo cai na terra para ocupar o seu lugar natural.

Em geral, observa-se que a filosofia aristotélica não aceita a explicação do movimento senão por meio da contínua atividade de forças, cuja ação operando no corpo determina as mais diversas propriedades do movimento, tais como velocidade, direção, sentido, etc. Desse modo, sob essa perspectiva, pode-se afirmar que a filosofia aristotélica estava possuída pelo que se pode chamar de *espírito do dinamismo*, condição em que o movimento é o resultado da potência e do ato.

1.4. Equívocos de Aristóteles

Apesar das profundas e aparentemente "claras" explicações oferecidas pela Mecânica Aristotélica, verdade é que tanto

Aristóteles quanto todos os seus seguidores nos séculos seguintes haviam se equivocado, por vários motivos: **a**) primeiro, porque não reconhecerem a existência do vácuo e da possibilidade do movimento em tal meio; **b**) segundo, porque não compreenderam de forma mais precisa a verdadeira relação existente entre atrito e movimento. Todavia, as interpretações equivocadas de Aristóteles não devem ser criticadas com muita severidade, a menos que se procure investigar as causas fundamentais do movimento. Com efeito, o atrito é uma força de oposição que retarda e dissipa qualquer tipo de movimento, fenômeno este que exige a contínua aplicação de uma força externa para manter o corpo em movimento com uma determinada velocidade no meio resistente. Descartando a possibilidade de movimento sem resistência, Aristóteles foi levado a concluir que seria sempre necessária a existência de uma ação externa para manter qualquer corpo em movimento e que sempre deveria existir uma certa resistência vinculada a todo tipo de movimento. Segundo Aristóteles, caso não houvesse algum tipo de resistência do meio, o movimento de qualquer corpo seria instantâneo, com o corpo adquirindo uma velocidade infinita, o que Aristóteles considerou absurdo. Devido a tais equívocos, ele não conseguiu chegar ao conceito de movimento inercial. Por sua filosofia, isto é uma impossibilidade.

Analisada sob um aspecto mais fundamental, a teoria de Aristóteles é exatamente o oposto do que *realmente* ocorre na dinâmica do movimento. A moderna ciência reconhece que um corpo mantém seu estado de movimento *independentemente* da contínua ação de forças externas aplicadas sobre ele, mas antes de Galileu ninguém sabia nada a respeito do movimento inercial. Verdade é que tanto Aristóteles como os seus asseclas cometeram graves erros de interpretação, todavia perfeitamente justificável diante da falta de um método de investigação mais preciso, mas o que causa verdadeiro estarrecimento é que a teoria motora tenha subsistido por quase dois mil anos, desde os primórdios das idéias defendidas por Aristóteles até ser finalmente enterrada por Galileu Galilei.

O mais curioso é que na Antigüidade, a explicação de Aristóteles sobre a causa do movimento não foi aceita pacificamente por um dos grandes astrônomos da época: Hiparco de Nicéia. Este grande astrônomo, que trabalhou na cidade de Alexandria, recusou terminantemente a suposição "motora" de Aristóteles e apresentou uma explicação alternativa para a causa do movimento. E, durante a Idade Média, suas idéias foram, independentemente, redescobertas por muitos outros estudiosos da filosofia natural, e exerceram uma tremenda influência na mente dos mais eminentes pesquisadores daquela época, inclusive na mente de muitos cientistas da Idade Moderna.

CAPÍTULO II

HIPARCO DE NICÉIA

2.1. Introdução

No século II antes de Cristo a teoria mecânica de Aristóteles foi firmemente criticada por um dos grandes astrônomos da Antigüidade chamado Hiparco de Nicéia (190-125 a.C.). Todas as informações que atualmente existem sobre a obra e a vida deste grande cientista provém das citações encontradas nas obras de Estrabão e de Cláudio Ptolomeu. Sabe-se que Hiparco nasceu na cidade de Nicéia, localizada na Ásia Menor, e que trabalhou por alguns anos na célebre cidade de Rodes. Por volta do ano 140 antes Cristo construiu um observatório nessa cidade, onde realizou grande parte de suas observações astronômicas. Após ter pesquisado e estudado todos os livros que lhe fora possível encontrar em Rodes, resolveu mudar para Alexandria, a capital do conhecimento.

Nessa época a cidade de Alexandria vivia o seu apogeu cultural e científico. Ela se destacava perante o mundo antigo como um centro de inovações que estimulava o trabalho intelectual, artístico, filosófico e cientifico. A cidade havia sido fundada em 332 antes de Cristo por Alexandre Magno, rei da Macedônia. Ele havia planejado essa moderna e luxuosa cidade para ser a capital de seu enorme império, e deveria comportar um centro comercial, cultural e governamental. Nove anos depois de ter sido dado início à construção, Alexandre veio a falecer de forma misteriosa na cidade de Babilônia, sem ver concluído sua grandiosa e sonhada cidade. Quando Ptolomeu II assumiu o trono, construiu em Alexandria um museu e a uma biblioteca, a maior dos tempos antigos que, segundo consta, chegou a guardar aproximadamente quatrocentos volumes de rolos de papiros, que praticamente representavam todo o acervo cultural produzido pela humanidade nos séculos anteriores até aquela época. Era um centro de pesquisas de ponta mundial sem rival, que atraía os mais destacados pesquisadores, arquitetos, cientistas, astrônomos, matemáticos, filósofos, gramáticos, escritores etc. A maioria dos grandes cientistas dos tempos antigos trabalhou nesta extraordinária biblioteca, destacando-se Euclides, Eratóstenes, Arquimedes, Cláudio Ptolomeu, Galeno e tantos outros nomes célebres.

Hiparco permaneceu em Alexandria durante vários anos, de 161 a 146 a.C. É tido como um dos grandes cientistas da Escola Alexandrina. No período em que ali permaneceu, trabalhou arduamente desenvolvendo e aprofundando as suas pesquisas e criando novas teorias. O grosso de sua produção científica resultava de suas observações dos céus durante um período de trinta e cinco anos, e cujos resultados colhidos foram combinados e sistematizadas racionalmente com os antigos dados observacionais colhidos pelos babilônios e gregos. Também consta que se inteirou dos resultados de todas as observações científicas que vinham sendo arquivadas na biblioteca de Alexandria há mais de cento e cinqüenta anos.

2.2. Obras produzidas por Hiparco

Durante toda a sua vida, totalmente dedicada à ciência, esse notável pesquisador construiu um currículo invejável, o qual foi divulgado no século II pelo astrônomo, matemático e geógrafo grego Cláudio Ptolomeu (90-168 d.C.) no célebre livro intitulado por *Almagesto*. Hiparco desenvolveu suas teorias, sempre fundamentado nas observações científicas que vinham sendo acumuladas durante séculos, as quais tinham sido confirmadas pelos mais diferentes estudiosos. Esta era a razão pela qual Hiparco sempre evitou o empregar em seus trabalhos o termo "hipótese". As suas principais descobertas estão relacionadas a seguir:

1º - Inventou diversos instrumentos astronômicos, com os quais realizou observações altamente precisas. Entre tais instrumentos, se destaca o astrolábio, que é utilizado para observar a posição dos astros e medir a sua altura acima da linha do horizonte.

2° - Inventou um dispositivo de paralaxe altamente sofisticado com o objetivo de avaliar a diferença aparente entre a posição de um corpo celeste em relação a dois pontos precisamente determinados na Terra, um deles poderia se fixado na superfície e o outro poderia ser localizado no centro da Terra.

3° - Adotando o sistema babilônico e as idéias do geômetra Hipsiclo, passou a empregar um novo círculo instrumental, o qual dividiu em 360 graus.

4° - Foi o primeiro cientista que descobriu a precessão dos equinócios, além de medir seu lento movimento que leva 25.800 anos para completar uma revolução. Este movimento é semelhante ao movimento de um pião rodando, cujo eixo descreve um movimento cônico chamado de precessão. De forma análoga, o eixo dos pólos apresentam o movimento cônico semelhante ao do pião, cujo ápice do cone parece situado no centro da Terra. A explicação causal para esse fenômeno somente seria fornecida por Isaac Newton (1642-1727), que ao efetuar cálculos precisos da precessão, acabou por interpretar o fenômeno como o resultado da interação gravitacional entre o Sol e a Lua sobre a região equatorial do planeta.

5° - Realizou a medida da distância que separa a Terra da Lua, obtendo resultados bem próximos daqueles que são aceitos atualmente.

6° - Desenvolveu um método sofisticado com o qual procurou determinar a tamanho da Lua.

7° - Apresentou tabelas precisas de suas pesquisas descrevendo o movimento do Sol e da Lua em torno da Terra.

8° - Realizou o primeiro catálogo de estrelas, determinando a posição de oitocentos e cinqüenta delas, todas calculadas em relação à eclíptica. Na época a eclíptica era compreendida pelos filósofos naturais como sendo o círculo imaginário pelo qual o Sol aparenta orbitar em torno da Terra. Nesse vasto catálogo, listou a altitude, a longitude e a magnitude de cada uma dessas estrelas. Tarefa hercúlea que por si só daria fama imorredoura a qualquer cientista dos tempos modernos.

9º - Classificou as estrelas por suas grandezas ou "magnitudes" em função do brilho que apresentavam. Em suas pesquisas chegou à conclusão de que existiam seis categorias de estrelas, segundo o brilho aparente que cada uma apresentava.

10º - Quando Hiparco mediu a precessão dos equinócios, ele também pode constatar a distinção existente entre o ano sideral e o ano tropical mais curto, acabando por descobrir que o ano possui uma duração de 365 dias, 5 horas, 55 minutos e 12 segundos. Este resultado é simplesmente extraordinário, tendo em vista que atualmente é aceito que a duração do ano corresponde a 365 dias, 5 horas, 48 minutos e 46 segundos.

11º - Matemático altamente capaz, inventou um novo ramo da matemática, denominado por trigonometria. Neste ramo, desenvolveu estudos profundos em trigonometria plana e esférica. E, quase que de imediato, aplicou suas descobertas em trigonometria nos seus cálculos astronômicos e geográficos.

12º - Foi o primeiro pesquisador a apresentar um método científico para determinar as longitudes.

13º - Hiparco aperfeiçoou a idéia de zonas climáticas, propostas por Aristóteles, dividindo o mundo em zonas climáticas em intervalos iguais, adicionando perpendicularmente a elas as linhas norte/sul.

14º - Inventou o método geográfico de projeção estereográfica para representar a Terra numa superfície plana. A estereografia é a arte de representar os corpos sólidos num plano.

15º - Aperfeiçoou o sistema *Geocêntrico* - Terra no Centro do Universo - cujo modelo reproduzia o movimento solar com um erro de menos de um minuto de arco; dado que somente iria melhorar com a introdução do sistema *Heliocêntrico* por Nicolau Copérnico em 1543. O sistema geocêntrico é um modelo geométrico que procura representar o sistema solar, tendo como ponto de referência observacional a própria Terra. Em seu modelo, Hiparco representou o Sol, a Lua e os cinco planetas conhecidos em sua época se movimentando ao redor da Terra em órbitas compostas de círculos e epiciclos. Os epiciclos eram pequenos círculos que os corpos celestes descreviam em torno de um ponto imaginário, ao mesmo tempo em que descreviam o círculo orbital. Este sistema foi tão bem sucedido que Hiparco pode realizar previsões teóricas de eclipses lunares com uma pequena margem de erro de apenas duas horas. É bem verdade que Hiparco estava completamente equivocado quanto a sua cosmologia. Todavia, a sua idéia de que o Sol, a Lua e os planetas se moviam em torno da Terra em ciclos, nos quais se sobrepunham os epiciclos (órbitas menores) era maravilhosa, embora complicada. E mesmo estando errada, conseguia representar bem os fatos observados.

Ao que parece Hiparco nutria um grande desprezo por Eratóstenes (284 a 192 a.C.), o pai da Geografia. Eratóstenes é verdadeiramente um dos maiores gênios que passou pela escola de Alexandria! Foi matemático, astrônomo, geógrafo, filósofo, e também o mais brilhante administrador que veio a dirigir o Museu e a Biblioteca de Alexandria no século III antes de Cristo. O seu trabalho mais conhecido é aquele em que calculou o tamanho da circunferência da Terra. Para tanto, mediu a latitude e a distância que separava dois lugares no mesmo meridiano. Em seguida, empregando cálculos puramente geométricos chegou a um resultado bem próximo do valor da circunferência terrestre atualmente aceito.

Hiparco, ao alimentar o seu sentimento de antipatia por Eratóstenes, procurou por todas as formas ultrapassar o rival e, muitas vezes, o fez com grande margem de diferença. Por exemplo, ao criar o seu catálogo de estrelas foi muito mais longe do que Eratóstenes, que também havia trabalhado sistematicamente num catálogo semelhante. Também escreveu um tratado de geografia intitulado *Contra Eratóstenes*, no qual contestou veementemente os trabalhos geográficos do rival. Nessa obra, apresentou métodos extremamente sofisticados para a tecnologia existente em sua época, dividiu o mundo conhecido em zonas climáticas ou longitudinais e empregou cálculos matemáticos para estabelecer a posição exata de cada localidade conhecida. Uma obra extraordinária de um verdadeiro gênio!

2.3. Mecânica de Hiparco

Ao empregar o seu gênio espantoso no estudo do movimento, Hiparco defendeu como tese alternativa à mecânica de Aristóteles, o conceito de *força impressa*. Hiparco havia notado que a filosofia de Aristóteles era insuficiente para explicar a razão pela qual um corpo arremessado continuava numa situação de movimento, muito embora já estivesse separado de seu primeiro motor. Certamente essa foi uma das maiores objeções levantadas contra a dinâmica de Aristóteles e que mais tarde teve grandes conseqüências para o desenvolvimento do estudo da filosofia natural.

Hiparco supunha que o corpo se movia separado de seu motor porque uma *força impressa* lhe era transmitida por tal motor. Em outras palavras pode-se dizer que a ação do motor (força externa) imprimiria ao corpo movente (projétil) uma certa "força impressa". E, uma vez posto a se deslocar livremente sem a ação do motor, tal força impressa passaria a sofrer uma diminuição gradativa enquanto o projétil se deslocasse num meio dissipativo.

Postulando tais conceitos numa linguagem moderna pode-se afirmar que:

Um corpo mantém a sua situação de movimento porque está sob a ação de uma força impressa, a qual é transmitida ao corpo pela ação da força externa (motor).

A força impressa diminui à medida que o projétil se desloca num meio dissipativo.

Quando a ação da força impressa se dissipar totalmente, o movimento cessará e o corpo entrará no seu estado natural de repouso.

Diante destes enunciados fica claro que a força impressa advogada por Hiparco era claramente uma forma de interação que, durante a Idade Média, recebeu o sugestivo nome de *ímpeto*. Tratava-se de um conceito inovador no pensamento científico grego.

O interessante é que essa noção foi, e continua sendo tão intuitiva que, durante várias vezes no decorrer da história da humanidade, foi redescoberta independentemente por vários pesquisadores.

A teoria defendida por Hiparco era uma alternativa perfeitamente viável, e bem mais elaborada do que a teoria de Aristóteles, posto que conseguia explicar melhor a causa do movimento dos corpos. Todavia não parece que os filósofos naturais tenham dado a devida atenção que a nova filosofia merecia. Provavelmente ela lhes devia parecer por demais abstrata ou especulativa. Pois, como poderiam crer que algo empurrava o projétil, mas que não podiam ver e nem mesmo imaginar? Mas a grande verdade é que essa filosofia não foi adotada pela comunidade dos filósofos naturais, em grande parte devido à enorme influência e autoridade exercida pelo pensamento universal e sistemático de Aristóteles que abarcava todos os campos do conhecimento humano, fato que acabou por ofuscar qualquer idéia que lhe fosse diferente ou contrária. Também se pode acrescentar o fato de que a teoria de Hiparco era fraca ou mesmo insuficiente porque seu autor não apresentou nenhuma prova objetiva para dar fundamento à sua revolucionária concepção de "força impressa", o que também ajudou a contribuir para que ela caísse no mais completo esquecimento durante séculos, até vir a ser redescoberta por outros pesquisadores.

CAPÍTULO III

A TEORIA DO ÍMPETO

3.1. Introdução

Durante a Idade Média a filosofia natural de Aristóteles sobre as causas dos movimentos sofreu novas e severas críticas que levaram a uma alteração significativa da idéia original de Aristóteles e que possibilitaram a introdução de novos conceitos na física. Essas críticas levantadas contra a descrição fornecida por Aristóteles orientavam-se em torno da explicação dos chamados *movimentos violentos*, que nada mais eram do que o estudo dos movimentos dos projéteis arrebatados, tais como arremesso de pedras, flechas, balas de canhão etc.

Alguns pensadores mais perspicazes haviam observado que a teoria aristotélica apresentava um gravíssimo problema que ela não conseguia absorver ou explicar satisfatoriamente. Esse problema, basicamente, consistia na seguinte questão: considerando que o ar que se desloca para trás do projétil é muito fraco e até mesmo impotente para produzir o movimento observado, então como compreender a causa fundamental pela qual os corpos arremessados, antes de entrarem em repouso, continuam em sua situação de movimento durante algum tempo; e isto, mesmo após a ação da força externa ter cessado completamente? Por exemplo, depois que uma pedra é lançada por um estilingue, este não mais exerce nenhuma influência sobre ela. Todavia a pedra insiste em continuar se movendo sem a ação de nenhum agente externo.

3.2. As Idéias de Giovanni Filopono

Com base na tese de que o meio no qual um projétil se desloca exerce um papel exclusivamente de resistência ao movimento e não um papel de motor que impulsiona o projétil, o grande comentarista da física aristotélica Giovanni Filopono (Yahya an-Nahwi 475-565), por volta do ano 520 criticou sistematicamente a teoria aristotélica do movimento. Atacou a idéia de Aristóteles segundo a qual todo movimento estava associado a um motor, desprezou a explicação de que o ar, ao preencher o espaço vazio deixado atrás de um corpo arremessado, acabava por empurrá-lo para frente. A seguir propôs uma teoria alternativa à de Aristóteles, que provocou uma verdadeira revolução na idéia fundamental sobre a causa do movimento. Ao apresentar a sua tese, Filopono, estava simplesmente redescobrindo e defendendo a antiga idéia de Hiparco, a qual mais tarde se tornou conhecida como *Teoria do Ímpeto*.

Observe o que esse extraordinário pesquisador escreveu sobre a necessidade de existir uma força impressa (força motiva), para que os projeteis pudessem se movimentar livremente:

É necessário supor que alguma força motiva incorpórea seja dada do projetor ao projétil, e que o ar posto em movimento contribui em nada ou muito pouco para o movimento do projétil... E não será necessário nenhum agente externo ao projetor. [1]

Filopono supunha que o projetor (força externa) injetava no projétil (corpo que entrava em movimento) uma grandeza chamada por força motiva incorpórea (ímpeto). Ou seja, sua teoria sugeria que a força impressa (ímpeto) fosse a grandeza física responsável pelo movimento de qualquer corpo que fosse arremessado no ar por meio de um movimento violento. Embora se tratasse de uma nova teoria em mecânica que fornecia uma nova forma de explicar o movimento dos corpos, ainda assim continuava prevalecendo o preceito aristotélico de que *cessante causa cessat effectus*.

Em termos atuais, pode-se postular a idéia de Giovanni Filopono da seguinte maneira:

A força externa, ao arremessar um corpo, imprime-lhe um certo ímpeto (força motiva).

Qualquer corpo arremessado movimenta-se não em função da ação da força externa, mas sim em função da ação do ímpeto.

Após estabelecer os postulados retro mencionados, os quais são virtualmente diferentes daqueles apresentados por Aristóteles, podem-se observar algumas conseqüências muito interessante entre as idéias mecânicas de Aristóteles e Filopono, a saber:

a) Aristóteles havia postulado a impossibilidade do movimento no vácuo argumentando que o movente deveria apresentar uma velocidade infinita e um movimento eterno, pois não encontraria nenhuma resistência do meio para impedir o seu movimento, todavia como isso não ocorre chegou a considerar como falsa a idéia de um vácuo;

b) A nova idéia representada pela teoria do ímpeto sugeria a possibilidade da existência do vácuo, e também do movimento neste meio vazio, uma vez que, sem a resistência oferecida pela matéria, o corpo ao se movimentar em tal meio simplesmente iria adquirir uma velocidade proporcionalmente equivalente àquela comunicada pela força motiva (ímpeto).

3.3. As Idéias de Avicena

Um outro pensador que veio a redescobrir e a trabalhar com a teoria do ímpeto Abu-Ali Al-Husayn Ibn-Sina (980-1037), conhecido por Avicena, um dos maiores cientistas do mundo árabes, cujos trabalhos influenciaram a Europa Medieval durante séculos. Este gênio precoce dominou todos os ramos das ciências até então conhecidas: filosofia, matemática, geometria, astronomia, geodésica, mecânica, biologia, e medicina, que segundo ele era uma disciplina extremamente difícil. Mesmo assim, veio a se destacar como um grande filósofo e um exímio médico. Na medicina, deixou vários tratados, entre os quais se tornou célebre o seu *Cânon de Medicina*, que foi traduzido para o latim e estudado nas principais faculdades de medicina européias até o meados do século XVII. Descreveu com extrema precisão as febres eruptivas a apoplexia, a meningite aguda etc. Foi um dos grandes conhecedores da filosofia de Aristóteles, conseguindo harmonizar num todo coerente as teorias filosóficas aristotélicas com a religião islâmica. Ao que tudo indica, a filosofia de Aristóteles pode ser harmonizada com qualquer sistema religioso, uma vez que Tomás de Aquino (1225-1274) também conseguiu harmonizá-la com o catolicismo romano. As idéias filosóficas de Avicena vieram deflagrar um interesse sempre crescente pelo estudo da filosofia de Aristóteles, inaugurando um novo campo de pesquisas para os intelectuais europeus daquele período.

Pesquisando a questão do movimento, o gênio de Avicena foi levado a considerar o conceito que denominou por *empurrão*, o qual seria uma qualidade que deveria permanecer contida no projétil infinitamente, desde que se encontrasse na total ausência de resistência externa. Com isso ele estava considerando hipoteticamente que, se um corpo fosse deslocado de forma violenta no vácuo, seu movimento deveria ser infinito em extensão e em duração, pois não existiria nada que pudesse forçá-lo a parar. Todavia, como estava profundamente influenciado pelas idéias de Aristóteles, que considerava o universo *finito*, Avicena concluiu que vácuo não possui nenhuma realidade física e, portanto, seria impossível existir um movimento infinito num universo finito, logo o empurrão teria que ser um fenômeno exaustivo em qualquer lugar do universo.

Os postulados de Avicena podem ser traduzidos nas seguintes palavras:

Na ausência de uma força de resistência o empurrão permanece indefinidamente num corpo em movimento.

No vácuo o corpo movido de forma violenta mantém o seu estado de movimento infinitamente.

Como o vácuo não existe, todo corpo está sujeito a sofrer a ação de uma força de resistência e, portanto, o empurrão não é permanente.

Os oxiomas mencionados dispensam maiores explicações, uma vez que são evidentes por si mesmos. Avicena defendia a tese de que nos movimentos violentos, o motor (força externa) ao entrar em contato com o corpo, imprimia-lhe um certo empurrão (ímpeto) que ficava retido no projétil após o término do contato, razão pela qual o empurrão era o agente responsável pelo movimento observado. Com relação ao efeito exercido pela resistência do ar, Avicena observou que: *A força (empurrão) é enfraquecida no projétil, de tal forma que a inclinação natural (queda) e a ação do atrito se tornam dominante sobre ele e, assim, a força é dissolvida e, conseqüentemente, o projétil passa na direção de sua queda natural.*[2]

Para Avicena o atrito e a força de gravidade enfraquecem o empurrão de tal modo se tornam dominantes sobre o projétil e a força de empurrão é totalmente dissolvida. Quando isso ocorre o projétil passa a se movimentar exclusivamente em direção de sua queda livre.

3.4. As Idéias de Jean Buridan

No século XIII o célebre erudito alemão Alberto Magno (1193-1280), ao estudar o movimento dos corpos arremessados por intermédio de um movimento violento (projéteis), veio a se tornar um excelente defensor da teoria do ímpeto. Todavia, a defesa que fez dessa tese não deve ter sido suficientemente forte ou mesmo convincente, pois acabou sendo renegada pelo seu mais famoso e aplicado discípulo: Tomás de Aquino (1225-1274), o qual como conciliador da filosofia de Aristóteles com o catolicismo, viu-se induzido intelectualmente a negar ou harmonizar qualquer tese que fosse contraria a Aristóteles.

Contudo, no século XIV, na cidade de Paris, França, a referida teoria foi novamente redescoberta e desenvolvida de forma bem mais elaborada por um dos mais influentes intelectuais da época, Jean Buridan (1295-1358), comentador da filosofia de Aristóteles e reitor da Universidade de Paris em 1328. Ele também foi um grande nominalista que defendia ardentemente primazia da experiência como método de acesso a qualquer forma de conhecimento científico. Suas obras foram publicadas após a sua morte, destacando-se as seguintes: *Súmulas ou Compêndio de Lógica* e *Questões Sobre Oito Livros da Física de Aristóteles.*

Esse notável filósofo foi um dos precursores dos cientistas do início da Idade Moderna, e também um ferrenho crítico de Aristóteles. Como tantos outros estudiosos, considerou sem nenhum valor lógico a explicação aristotélica de que, no caso do lançamento de uma pedra, o ar empurraria a pedra para frente, para ocupar o espaço livre deixado atrás dela. E ao questionar a teoria dos movimentos de projéteis apresentada por Aristóteles, foi levado a defender e aprofundar uma tese similar à da "força impressa" de Hiparco ou à da "força motiva" de Filopono, a qual ele denominou de *ímpeto*, que considerava possuir as seguintes propriedades:

O ímpeto é a causa fundamental do movimento dos projéteis que se separam de seus motores.

O ímpeto também é a causa dos projéteis permanecerem em sua trajetória no decorrer do seu movimento.

Buridan atribuiu à noção de ímpeto uma qualidade de conservação ou, em seus próprios termos: *permanência*. E, nos mais importantes debates que realizou no século XIV, sustentou que o ímpeto impresso deveria se conservar de forma infinita, a menos que fosse destruído por uma resistência externa. Ou seja, para Buridan, o ímpeto corresponde a uma qualidade que o arremessador transfere para o projétil no exato momento do arremesso violento. E que esse ímpeto se desvanece no decurso do movimento, levando o móvel ao repouso, devido a três situações distintas: **a)** resistência oferecida pelo meio; **b)** atuação de forças contrárias ao movimento; **c)** tendência natural do corpo voltar ao seu lugar natural. Todavia, enquanto o móvel contiver ímpeto ele irá continuar a seguir seu movimento, o qual somente cessará quando o ímpeto for exaurido totalmente. Tal filosofia defendia a idéia de que o ímpeto é uma força motriz de natureza incorpórea, transmitida de um motor inicial ao corpo posto em movimento. Observe as idéias de Buridan em suas próprias palavras:

O ímpeto é uma qualidade permanente do corpo, embora possa ser corrompida por agentes contrários, e é tal que ele não é auto consumível meramente como resultado da separação do corpo e da força motora principal, mas pode ser superado pela resistência do ar ou pela tendência contrária do corpo. [3]

Portanto, enquanto um projétil contiver ímpeto ele irá continuar a manter a sua situação de movimento ao infinito. E o ímpeto somente vem a desaparecer do projétil, no decorrer do movimento, por causa da resistência oferecida pelo meio, ou por forças opostas, ou ainda pela tendência natural do projétil retornar ao seu lugar natural de repouso. Buridan também defendeu a tese de que no vácuo, um projétil teria um movimento infinito em duração porque se movimentaria com uma quantidade constante de ímpeto, sem encontrar nenhuma oposição.

Buridan também procurou explicar a física celeste empregado o seu conceito de ímpeto. Para ele os planetas movem-se perpetuamente sob a influência do ímpeto, sem sentirem resistência ou tendência para outros movimentos. Em sua obra *Questões sobre a Física* ensinou que na criação, Deus impregnou em cada corpo celeste um certo ímpeto, o qual, por permanecer no corpo, o vem movimentando desde então. Também afirmou que esse ímpeto não se enfraqueceu nem foi destruído posteriormente porque não existe nos corpos celestes nenhuma resistência capaz de corromper ou reprimir esse ímpeto. Portanto, para Buridan, o movimento realizado pelo Sol, Lua e planetas no antigo "Sistema Geocêntrico" era perene por dois motivos fundamentais:

1º - Primeiro porque eles estavam cumulados com um ímpeto recebidos do próprio Criador do Universo;

2º - Segundo porque nunca nenhuma resistência foi oferecida para se opor ao movimento desses astros.

A Física de Aristóteles fazia distinção entre as coisas celestes e as coisas terrenas, todavia, Buridan defendeu a idéia de que o ímpeto era a causa do movimento de um projétil lançado na superfície terrestre, como também era a causa do movimento dos corpos celestes; ou seja, as leis que governam os fenômenos naturais na Terra se aplicam a todo o universo, com essa filosofia, ele conseguiu unificar a física terrestre com a física celeste. Realmente uma idéia revolucionária para a sua época! E pela defesa, influência e desenvolvimento que deu à filosofia do ímpeto, Jean Buridan é tido como pai da Teoria do Ímpeto.

3.5. As Idéias de Nicole d'Oresme

Nicole d'Oresme (1325-1382) foi um grande discípulo de Buridan, e durante toda a sua vida, um crítico acerbo das idéias de Aristóteles. Escreveu numerosos livros de filosofia natural e matemática, também traduziu algumas das obras de Aristóteles. Em sua obra que recebeu o título de *Livro do Céu e do Mundo*, chegou a defender a tese da rotação diurna da Terra, justificando o seu movimento pelo argumento da simplicidade. Foi um grande defensor da filosofia do ímpeto, todavia ao comentar o conteúdo da teoria do ímpeto desenvolvida por seu mestre Buridan, passou a atacar algumas de suas idéias centrais, que o levou a rejeitar o conceito de ímpeto "autoconsumível".

Nicole d'Oresme durante toda a sua vida foi um brilhante teórico da física antiga, todavia com receio de desagradar as autoridades eclesiásticas, deixou de publicar a maioria de suas obras. Nem mesmo procurou levar avante suas idéias a ponto de poder extrair delas todas as suas conclusões e conseqüências lógicas. Em muitos artigos ele chegou no limiar de realizar uma verdadeira revolução científica, mas então, com receio da autoridade opressora exercida pela igreja de sua época, ele recuava constantemente.

O seu gênio era tão extraordinário, que chegou a inventar o método de análise gráfica, mas não conseguiu levar suas idéias suficientemente longe para se tornar o pai da Geometria Analítica. Essa idéia somente seria desenvolvida por René Descartes no século XVII. Todavia Nicole d'Oresme havia estudado a análise gráfica o suficiente para perceber que as curvas podiam ser definidas pelas coordenadas gráficas, conseguindo até mesmo obter uma equação para a reta. Ao empregar o seu sistema de coordenadas demonstrou matematicamente a célebre lei de Merton, que dizia que a distância percorrida por um corpo com aceleração constante a partir do seu repouso corresponde exatamente à distância percorrida por um corpo movendo-se no mesmo tempo com a metade da velocidade máxima. Essa lei havia sido proposta pelos matemáticos de Merton College, de Oxford, entre 1325 e 1359. Eles haviam considerando a possibilidade de um referencial teórico para descrever quantitativamente o movimento dos corpos.

A seguir analisando o seu gráfico, d'Oresme descobriu teoricamente e matematicamente uma lei que foi redescoberta e demonstrada experimentalmente por Galileu Galilei. Essa lei afirma que a distância percorrida por um móvel aumenta com o quadrado do tempo enquanto ele estiver submetido a uma aceleração constante. Atualmente essa lei é atribuída a Galileu.

Nicole d'Oresme foi o primeiro a postular o conhecido princípio da relatividade de Galileu. Seu mestre, Jean Buridan, havia apresentado vários argumentos contra o movimento da Terra. Dizia que se a Terra girasse, uma flecha lançada para o alto deveria cair num lugar diferente daquele em que fora atirado. Foi então que Nicole d'Oresme enfrentou o problema lançado por seu mestre, admitindo que a questão ficava perfeitamente resolvida se levasse em consideração o movimento relativo. E, ainda, baseado no movimento relativo, d'Oresme considerou a possibilidade da Terra girar e até mesmo orbitar em torno do Sol, todavia, por questão de fé, acabou por recuar da verdade que tão brilhantemente havia alcançado.

Nicole d'Oresme, que cresceu pobre, teve uma vida profissional bastante ativa e bem sucedida. Em 1356 foi nomeado grão-mestre do Colégio de Navarra localizado em Paris, no ano 1362 tornou-se mestre em teologia. Foi preceptor de Carlos V, vindo a se tornar um de seus mais importantes conselheiros. E com o apoio deste, foi consagrado bispo no ano de 1377, cinco anos antes de vir a falecer.

As idéias e as posições científicas tomadas pelos dois gigantes da física medieval, Jean Buridan e Nicole d'Oresme, vieram a influenciar poderosamente a física do século seguinte.

3.6. A Influência da Física Parisiense

No decorrer dos séculos XIV e XV, a teoria do ímpeto encontrou um grande número de valorosos adeptos entre os filósofos naturais de Paris, quando então passou a ser conhecida sob o nome de *Física Parisiense*. Durante período, ela veio a sofrer uma grande difusão na Itália, tendo sido aceita até pelo genial matemático Nicolo Tartaglia (1500-1557).

O período quinhentista conheceu no italiano Giovanni Battista Benedetti (1530-1590) o mais conceituado, convicto e vigoroso defensor da teoria do ímpeto. Esse grande cientista, defensor da antiga física, publicou sua obra prima em 1585, a qual recebeu o estrondoso título de *Diversarum speculationum mathematicarum et physicarum liber*, obra que Galileu Galilei (1564-1642) tinha em grande estima na sua juventude, a qual exerceu uma tremenda influência em sua vida como cientista.

Nessa obra Benedetti afirmava que: *a velocidade apresentada por um corpo, quando separado de seu primeiro motor, provem de uma certa impressão natural, de um certo ímpeto recebido pelo referido projétil.* [4] Essa concepção foi adotada por Galileu ao explicar o movimento dos corpos em planos inclinados.

Com a adesão de grandes filósofos à idéia do ímpeto, a teoria tornou-se altamente difundida e prestigiada em todo o continente Europeu, influenciando devastadoramente os maiores intelectos renascentistas e iluministas. Todos esses físicos por estarem imbuídos da física herdada da Antigüidade e desenvolvida durante a Idade Média, podem com propriedade ser classificados como físicos "pré-copernicanos". Essa divisão é bastante útil quando se considera o estudo da física antes de Copérnico e a física após Copérnico.

Nicolau Copérnico (1473-1543) pode ser considerado divisor de águas entre a antiga a moderna filosofia natural. Ele provocou uma reação que culminou com a estruturação da moderna ciência. Sua obra foi uma constante fonte de inspiração para diversos pensadores, tais como Giordano Bruno (1548-1600), Tycho Brahe (1546-1601), Johannes Kepler (1571-1630), Galileu

Galilei (1564-1642) etc. Antes dele, contudo, houve cientistas que defendiam uma física diferente da visão pós-copernicana. Por terem vivido num período anterior a Copérnico, podem ser chamados de pré-copernicanos. Os objetos de estudo desses cientistas envolviam os problemas de filosofia natural. No conjunto dos pré-copernicanos destacam-se, entre outros: Giovanni Filopono (475-565); Avicena (980-1037); Robert Grosseteste (1168-1253); Roger Bacon (1214-1292); John Duns Scotus (1265-1308); Guilherme de Ockham (1280-1349); Jean Buridan (1295-1358); Nicole d'Oresme (1325-1382).

CAPÍTULO IV

CRÍTICAS À TEORIA DO ÍMPETO

4.1. Introdução

Em linhas gerais, a teoria do ímpeto defendia a interessante suposição de que os projéteis continuavam por algum tempo em sua situação de movimento, mesmo depois de perderem contato com a sua fonte de lançamento, unicamente em virtude de um certo ímpeto que lhe era conferido no momento exato do seu arremesso. Na realidade ninguém sabia precisamente qual era a natureza física do ímpeto. Muitos o consideravam como constituído por uma entidade incorpórea. Outros entendiam que o ímpeto era uma das qualidades ocultas da natureza, e que não exigia ou não apresentava maiores explicações. Tudo era uma questão de opinião. Verdade era que a noção de "ímpeto" e suas exatas propriedades não tinham sido bem delimitadas pelos filósofos naturais.

Além disso, a definição da grandeza que os filósofos procuravam relacionar como causa fundamental do movimento, muitas vezes ficava obscurecida devido a ambigüidade do vocabulário que empregavam. Hiparco falava em termos de uma *força impressa* no corpo; Filopono, por sua vez, discorria sobre uma *força motiva* incorpórea; Avicena relacionou o movimento com o que chamou de *empurrão*; Descartes apresentou o seu conceito de *força de movimento* de um corpo; Galileu se expressada em termos de uma *vis impressa* ou *vis motiva*; Newton havia definido o que chamou de *força intrínseca*. Apesar dessa multidão de termos, todos giravam em torno do conceito de *ímpeto*; todas procuram atribuir uma causa interna ao projétil; todas procuram esclarecer a razão pela qual o projétil permanece em movimento, mesmo após ter sido separado do motor que o colocou em sua situação de movimento. Essa teoria procurava relacionar o conceito de ímpeto com o movimento adquirido pelos projéteis, e era tão intuitiva que conseguia fazer com que a idéia de ímpeto parecesse extremamente plausível, sendo adotada pelos mais célebres intelectuais. Contudo não havia como comprovar tal proposição. Ela era apenas uma questão lógica encontrada pelos filósofos visando explicar o movimento violento dos projéteis.

Durante toda Idade Média, o ímpeto foi causa de grandes debates realizados pelos filósofos naturais, a tal ponto de que os diversos estudiosos ficaram divididos entre as várias teorias possíveis para explicar o comportamento do ímpeto. O conteúdo da teoria era tão incerto que havia, por exemplo, pelo menos quatro pontos de vista diferentes sobre o ímpeto. Essas teorias formavam um conjunto de diferentes construções que muitas vezes apresentavam concepções bastante confusas a respeito da causa fundamental do movimento. Como indicam essas teorias, os partidários do ímpeto estavam longe de entrarem em acordo. Eis resumidamente algumas das opiniões divergentes que existiram:

1º - *Teoria da Força Impressa Auto Exaustiva*

Essa teoria advogava a idéia de que o ímpeto era consumido no decorrer do tempo porque processava o movimento do projétil. E, uma vez que o ímpeto fosse totalmente gasto, o projétil cessaria a sua situação de movimento e, retornaria ao seu estado natural de repouso absoluto. Nessa teoria, o ímpeto pode ser comparado a um "combustível" que mantém o projétil em movimento. E uma vez esgotado o combustível, o projétil cessaria o seu movimento e, conseqüentemente, permaneceria num estado natural de repouso.

2º - *Teoria da Força Impressa Não Exaustiva*

Um outro desenvolvimento mais sofisticado da teoria do ímpeto que causou grande rebuliço afirmava que, caso o projétil fosse arremessado num vácuo, o ímpeto não seria consumido de nenhuma forma, mas permaneceria conservado no projétil. E o movimento resultante seria infinito em extensão e em duração, porque não existiria nada que pudesse forçá-lo a parar, pois no vácuo, nunca nenhuma resistência seria oferecida ao projétil para se opor à sua situação de movimento.

3º - *Teoria da Força Impressa Exaustiva*

Essa teoria também era bastante sofisticada, e ensinava que o ímpeto injetado num projétil era consumido durante o seu movimento, não em virtude da produção do próprio movimento, mas era consumido devido a ação de forças resistentes, tais como o atrito ou a resistência oferecida pelo ar, que se opunham ao projétil em seu movimento. E, uma vez que o ímpeto era consumido pela resistência oferecida ao projétil, este entraria numa situação de repouso assumindo o seu estado natural.

4º - *Teoria da Intervenção da Força Externa*

Essa teoria era defendida por Aristóteles, e atribuía a intervenção de um agente externo aplicado continuamente sobre o projétil, sem a qual não poderia existir o movimento. E, no caso em questão, o projétil se locomovia porque ar devendo ocupar seu lugar natural, se deslocava para trás do projétil e o empurrava para frente, produzindo o movimento observado.

5º - *Teoria da Resistência Interna*

Uma outra tese largamente adotada pelos defensores do movimento no vácuo, afirmava que mesmo no vácuo o movimento adquirido por um projétil deveria ser finito, uma vez que todo corpo arremessado possuiria internamente uma certa resistência ao movimento, a qual dissiparia o ímpeto.

Todas essas concepções, tão discordantes entre si, eram resultado do fato de que a teoria do ímpeto estava totalmente destituída de base experimental, e a ausência de um conceito matemático sobre o ímpeto era deplorada pelos filósofos naturais modernos, de forma que com o decorrer do tempo, o ímpeto passou a ser visto com extremo desprezo pelos cientistas modernos. É método da física desenvolver hipóteses que precisam ser verificadas diante da convincente evidência experimental, e se falharem deverão ser substituídas por outras suposições. E a teoria do ímpeto foi abandonada por não conseguir explicar ou englobar em seu bojo vários fenômenos que foram sendo descobertos pela física moderna.

Pelo que se pode depreender, constata-se que, em geral, os defensores da teoria do ímpeto buscavam apenas no raciocínio lógico uma explicação plausível para a compreensão geral da causa do movimento dos projéteis. Para isso imaginaram uma grandeza não muito bem precisa ou definida que denominaram genericamente por *ímpeto*, e que devido a certas propriedades ocultas seria injetada nos próprios corpos no ato em que a eles se imprimisse um movimento violento, como por exemplo, no caso do arremesso de uma lança ou no disparo de uma bala de canhão.

4.2. Deficiências da Teoria do Ímpeto

Sob a perspectiva fornecida pela mecânica newtoniana, a teoria do ímpeto demonstrou-se irrelevante ou incompatível com os fundamentos adotados pela moderna ciência da física. Verdade é que os teóricos do ímpeto não encontraram nenhum método prático que pudesse medir o ímpeto; nenhum desses pesquisadores jamais conseguiu avaliar a sua teoria de forma quantitativa ou mesmo demonstrá-la rigorosamente dentro do método matemático; tampouco puderam expressá-la em números; ninguém pôde definir qualitativamente o ímpeto com absoluta precisão e, além do mais, não conseguiram escapar da esmagadora influência da física de Aristóteles. Diante da falta espantosa de dados observacionais, matemáticos e experimentais, pode-se concluir que a teoria do ímpeto estava baseada mais na imaginação daqueles que a defenderam do que em conhecimento científico.

A deficiência da matemática em qualquer teoria da física moderna é considerada tão catastrófica que William Thomson (1824-1907), conhecido como Lorde Kelvin, foi levado a declarar a seguinte realidade: *Afirmo muitas vezes que, se você medir aquilo de que está falando e o expressar em números, você conhece alguma coisa sobre o assunto; mas, quando você não o pode exprimir em números, seu conhecimento é pobre e insatisfatório; pode ser o início do conhecimento, mas dificilmente seu espírito terá progredido até o estágio da Ciência, qualquer que seja o assunto.* [1]

Apesar da fragilidade da teoria do ímpeto, não resta nenhuma sombra de dúvida, de que ela representava muito melhor o fenômeno do movimento do que a teoria desenvolvida por Aristóteles. Basta considerar que, segundo a teoria aristotélica, o movimento violento é totalmente impossível no vácuo. Porém os fervorosos advogados da célebre teoria do ímpeto reconheceram a incoerência dessa suposição aristotélica e, em oposição a ela, numa atitude claramente revolucionária, tornaram-se ferrenhos defensores da possibilidade de existência do vácuo e discutiram ardorosamente a possibilidade do movimento nesse meio.

Na verdade a teoria do ímpeto representou naquela época uma importante alternativa ao célebre preceito *estrito sensu* aristotélico de que "tudo o que se move é movido por outro", o qual implicava que o movimento somente pode ser conservado pela aplicação contínua de uma força externa sobre um corpo, e que desaparecida a ação da força externa, o corpo cessa imediatamente o seu movimento. No entanto, a teoria do ímpeto, em muitos aspectos, continuava profundamente aristotélica, no sentido de que se criou apenas uma nova entidade - o ímpeto - que mantinha o corpo em movimento até que fosse totalmente gasto. Portanto, o ímpeto não era uma entidade estável, mas era algo consumido no processamento do movimento. Quando isso ocorria o corpo entraria no seu estado natural de repouso. Em outras palavras, o corpo mantinha o seu estado de movimento enquanto estivesse submetido à ação do ímpeto. Assim, parodiando o conceito aristotélico, pode-se afirmar que "todo projétil se move movido pelo ímpeto". Portanto, a teoria do ímpeto também define o movimento por sua causa motora e transfere para o projétil a propriedade motora (ímpeto) que Aristóteles atribuía ao outro móvel.

4.3. Postulados da Teoria do Ímpeto

Muito embora os conceitos básicos da teoria do ímpeto tenham sido criados no século II antes de Cristo por Hiparco, como uma veemente crítica à filosofia de Aristóteles, e redescoberta no século VI por Giovanni Filopono, ela tornou-se durante a Idade Média uma excelente alternativa à explicação fornecida pela teoria aristotélica do movimento. Observa-se que no século XVI a essência da teoria do ímpeto havia sido totalmente incorporada dentro dos quadros da filosofia natural aristotélica. Isto ocorreu porque o conceito básico dessa teoria não havia escapado do poder generalizante da filosofia aristotélica: *cessante causa cessat effectus* – cessando a causa, cessa o efeito. O que implicava claramente que o movimento era conservado unicamente pela contínua ação de uma força. No caso da Física de Aristóteles: *força externa* e no caso da Física Parisiense: *ímpeto*.

O conjunto de idéias defendidas pela teoria do ímpeto, em sua expressão mais estilizada, pode ser sintetizado e generalizada em quatro postulados básicos que, para maior clareza, será reformulado sucintamente nos seguintes enunciados:

Todo projétil mantém o seu movimento por algum tempo enquanto estiver animado pelo ímpeto.

Quanto maior for a rapidez desse projétil tanto maior será o ímpeto que o anima.

Com exceção do movimento no vácuo, o ímpeto é sempre consumido durante o processamento do movimento do projétil.

Quando o ímpeto tiver sido inteiramente consumido ele deixa de animar o projétil, o qual entrará no seu estado natural de repouso.

Como não havia dados experimentais para corroborar algumas das idéias defendidas na teoria do ímpeto, tudo não passava de opiniões baseadas na mais pura especulação. Pode-se observar na referida teoria que um dos erros cometidos pelos físicos parisienses resultou do fato de colocarem a teoria do ímpeto na moldura da física aristotélica, o que veio originar diversos conceitos sobre o ímpeto. E, além disso, em nenhum momento lhe deram uma estrutura teórica quantitativa ou então uma base fundamentada em medidas experimentais. Essa teoria era tão deficiente que não levava em consideração a aceleração ou o conceito de massa, mesmo porque os físicos parisienses da Idade Média desconheciam a natureza de tais conceitos. Por essa razão não puderam relacionar o ímpeto com a massa do corpo, ou relacionar quantitativamente o ímpeto com a força externa, ou ainda relacionar o ímpeto com peso ou com a inércia do corpo. Basicamente, o que eles fizeram foi relacionar o ímpeto com o movimento, tão somente isso, e nada mais. Os demais tipos de movimentos eram explicados pela filosofia de Aristóteles.

Galileu também criticou as diferentes teorias que existiam em sua época por serem insuficientes ou incapazes de explicarem a aceleração dos corpos. Note o que ele disse a respeito do assunto em suas próprias palavras:

Não me parece ser este o momento propicio para empreender uma investigação da causa da aceleração do movimento natural, a respeito da qual vários filósofos apresentaram diferentes opiniões, reduzindo-a alguns à aproximação do centro; outros, à redução progressiva das partes do meio que falta a serem atravessadas; outros, ainda, a certa extrusão do meio ambiente o qual, ao fechar-se por detrás do móvel, vai pressionando e projetando o móvel continuamente. Estas fantasias, e muitas outras conviriam serem examinadas e resolvidas com pouco proveito. [2]

Diante da crítica de Galileu fica evidente que havia várias teorias, uma mais diferente do que a outra, que procuravam explicar a aceleração dos corpos. Todavia, segundo sua opinião, todas eram fantasiosas e de pouco proveito. E, depois de descartá-las, Galileu também não citou nenhuma que fosse capaz de explicar o movimento acelerado. Prova clara de que Galileu reconhecia que a célebre teoria do ímpeto era incapaz de explicar a aceleração dos corpos.

De fato, os físicos parisienses haviam ensinado que o ímpeto era injetado no projétil no momento em que era lançado por meio de um movimento violento. Isso significava que o projétil recebia uma certa quantidade de ímpeto, o qual era misteriosamente transmitida do arremessador (motor) para o arremessado (projétil) por meio do movimento violento. E, dependendo da teoria adotada, tal quantidade poderia permanecer conservada e sustentar o movimento indefinidamente, ou então, poderia ser gradativamente consumida durante o processamento do movimento até o projétil retornar ao seu estado natural de repouso. Evidentemente, com essa idéia de quantidade conservada de ímpeto pode-se facilmente explicar o movimento retilíneo e uniforme ao infinito; pois, constituindo uma quantidade que permanece constante, pode-se concluir que o movimento resultante também deve permanecer constante. Todavia, já não é possível explicar o movimento uniformemente variado (acelerado) em termos da referida teoria do ímpeto. Pois, uma vez que o projétil se separa de sua plataforma de lançamento, ele passa a ser movido por uma certa quantidade de ímpeto que permanece *fixo* durante todo o movimento; ímpeto este que havia recebido no momento em que foi arremessado. Então se pode fazer a seguinte pergunta: como entender o fato de no movimento uniformemente variado o ímpeto estaria sendo gerado a ponto de causar mudanças uniformes de movimentos, uma vez que no momento do arremesso recebeu uma certa quantidade limitada de ímpeto? Certamente a antiga teoria medieval do ímpeto não tem uma explicação satisfatória para essa situação.

Todavia, houve uma exceção curiosa. Ao que parece, consta que Jean Buridan, visando explicar a causa do movimento natural acelerado, havia defendido a tese de que a aceleração que os corpos em queda livre adquirem em seu movimento era ocasionada por acréscimos reiterados de ímpetos; acréscimos estes provocados pela ação de seus pesos. Porém, tal idéia se relevou totalmente falsa quando Galileu Galilei (1564-1642) demonstrou experimentalmente que todos os corpos soltos da mesma altura caem num movimento acelerado e adquirem velocidades iguais, independentemente de qualquer peso que venham a possuir. Portanto, pode-se concluir que os mencionados acréscimos reiterados de ímpetos não são devidos aos pesos que os corpos apresentam, caso contrário, um corpo mais pesado deveria adquirir mais ímpeto, e em conseqüência apresentar um movimento maior do que aquele apresentado por um corpo de menor peso, o que na realidade não ocorre, uma vez que todos os corpos atingem o solo no mesmo instante.

Segundo a filosofia natural de Aristóteles nenhum móvel pode apresentar movimento sem que haja necessariamente uma causa externa que atue continuamente sobre ele. Conforme essa teoria, nem mesmo é possível a existência do movimento retilíneo e uniforme sem a presença da ação de uma força externa. Portanto, segundo a teoria de Aristóteles o movimento retilíneo e uniforme é o resultado do corpo encontrar-se submetido à ação de uma força externa de intensidade constante. Todavia, isso é contrário ao que é preconizado pelo *princípio da inércia*, pois este movimento ocorre justamente quando nenhuma força externa é exigida para atuar sobre o móvel. Além do mais é sabido que uma força externa de intensidade constante não produz um movimento uniforme, mas sim caracteriza um movimento uniformemente variado.

O *princípio da inércia*, conceito inferido experimentalmente por Galileu, e apresentado claramente nas obras de Descartes, Gassendi, Newton e outros é definido como a tendência que todos os corpos possuem de permanecerem em seu estado de repouso ou de movimento uniforme em linha reta ao infinito sem que seja exigida a operação de qualquer força externa. O *princípio motor* da antiga física diz que todo móvel é movido por algum agente. Tanto na teoria estrita defendida por Aristóteles, como na teoria do ímpeto defendida pelos físicos parisienses, existe uma causa para explicar o repouso e outra para explicar o movimento. Para a antiga física, o repouso é um estado natural do corpo, e o movimento é o resultado da aplicação contínua de uma força externa sobre o corpo, ou da contínua ação do ímpeto.

Diante do exposto, pode-se concluir que tanto a física aristotélica como a física do ímpeto não eram inerciais, mas motoras. Sendo a física aristotélica fundamentada no seguinte princípio estilizado: *Qualquer corpo somente mantém a sua situação de movimento enquanto estiver sob a ação de forças externas aplicadas sobre ele.* Enquanto que a física do ímpeto encontra-se fundamentada no seguinte princípio: *Todo corpo mantém a sua situação de movimento enquanto contiver uma certa quantidade de ímpeto interagindo nele.* Claro está que estas duas físicas podem ser sintetizadas pela seguinte regra geral: não existe movimento sem a ação de um motor. Sendo que o motor é a força externa ou o ímpeto.

4.4. Conclusão

Diante de tudo o que foi exposto até o presente momento, ficou evidenciado que a teoria do ímpeto, sob qualquer uma de suas formas, era totalmente incompleta, a ponto de não conseguir abarcar toda gama de fenômenos mecânicos que estavam sendo descobertos pela ciência do início da Idade Moderna. Sua deficiência era tão grave que havia diversas escolas que defendiam diferentes teorias, visando explicar de forma lógica a causa do movimento dos corpos que se deslocam em diversos meios. O problema era que os dados científicos que fundamentavam a referida teoria eram insuficientes, e em compensação, a imaginação e as suposições eram demasiadas, e corriam soltas sem nenhum limite. Em razão destes fatores, as várias teorias apresentavam mais erros do que acertos. E, em última análise, a teoria do ímpeto tratava-se de uma especulação totalmente *a priori*.

CAPÍTULO V

TRANSIÇÃO DE PARADIGMA

5.1. Introdução

Os séculos XVI e XVII assistiram a vários estudiosos da natureza tentando reelaborar e reinterpretar uma diversidade de fenômenos, recentemente descobertos, dentro do contexto da teoria do ímpeto, muito embora essas tentativas tenham consistido, na maioria das vezes, em disputas tolas que permaneceram sempre atadas no universo da filosofia natural aristotélica, o que na prática não levou a lugar algum.

Foi somente no início do século XVII que um novo paradigma começou a ser delineado e introduzido na Física. Uma excelente explicação para a diminuição do movimento foi redescoberta pelo gênio de Isaac Beeckman (1588-1637), notável cientista holandês que apresentou a resposta correta para a redução do movimento do projétil, atribuindo a sua causa à resistência do ar. Apesar dessa explicação ser perfeitamente aplicável na teoria do ímpeto, Beeckman não acreditava em tal teoria, conforme ele relatou no ano de 1614, nas seguintes palavras:

Uma pedra atirada no vazio, portanto, move-se perpetuamente; mas o ar a obstrui e golpeia continuamente, fazendo com que seu movimento diminua. Todavia, a afirmação do filósofo de que há uma força implantada na pedra não parece ter fundamento. Pois, quem pode imaginar o que é ela, ou como mantém a pedra em movimento, ou em que parte da pedra se encontra? É mais fácil imaginar que, no vazio, um corpo movido jamais ficará em repouso, pois nada que possa fazê-lo mudar encontra-se com ele: nada se modifica sem que haja alguma causa da mudança. [1]

Este simples parágrafo reflete uma verdadeira revolução na ciência. Nele Beeckman apresenta idéias centrais e revolucionárias no estudo da física, tais como rejeição ao princípio motor e adoção do movimento inercial. Tais idéias, uma vez adotadas pela comunidade dos filósofos naturais, levaram ao abandono da antiga física e provocaram a mudança do paradigma até então vigente. A primeira idéia de Beeckman apresentada nesse parágrafo esclarece que a resistência oferecida pelo ar é a causa da diminuição do movimento de um corpo. A segunda idéia que se destaca nesse parágrafo consiste na rejeição da teoria do ímpeto, sob o argumento de que o ímpeto não tem nenhum fundamento, pois não se sabe o que vem a ser tal coisa, também se desconhece como o ímpeto pode manter um corpo em movimento ou mesmo em que parte geométrica do corpo o ímpeto estaria alojado. E, finalmente, na terceira idéia Beeckman apresenta o conceito de movimento inercial e expressa seu total abandono ao princípio motor da antiga física para adotar o que viria a ser conhecido como princípio da inércia, de fundamental importância na física moderna.

Pelos pensamentos de Beeckman se pode observar naquela época a essência das "idéias presentes" que pairavam no ar. Tais idéias estavam se orientando e se aglutinando na mente de muitos filósofos naturais desse período. E uma vez adotadas, elas provocariam uma mudança de paradigma, colocando um fim definitivo na teoria do ímpeto, e originando uma nova forma de pensar sobre mecânica. Tal maneira de raciocinar iria se materializar experimentalmente e matematicamente nas mãos de grandes cientistas modernos, tais como Galileu Galilei (1564-1642) e Isaac Newton (1642-1727).

Para a sua época, Isaac Beeckman foi um pensador bastante criativo e arrojado que apresentou suas principais idéias no primeiro quartel do século XVII. Numa época em que a filosofia aristotélica ainda predominava firmemente nas principais universidades da Europa, Beeckman ousadamente elaborou diversas questões que foram de fundamental importância para a compreensão e desenvolvimento da mecânica, da acústica e da hidráulica. Suas idéias influenciaram profundamente diversos cientistas, entre os quais se destaca o filósofo francês René Descartes (1596-1650).

Beeckman pregava a filosofia mecanicista que concebia a realidade física como inteiramente composta por micro partículas em movimento. Para ele todos os fenômenos na natureza são perfeitamente explicados pelas interações microcorpuscular de origem mecânica. Os registros de seu diário, bem como as suas anotações mostram que em 1613 ele havia desenvolvido uma teoria da inércia bastante avançada que superava de longe a explicação medieval fornecida pela *teoria do ímpeto*. Ele também tinha concebido uma explicação bastante avançada sobre o fenômeno do impacto.

5.2. Isaac Beeckman

Isaac Beeckman nasceu em Middelburg, Zeeland, atual Holanda, a 10 de Dezembro de 1588. Era membro de uma família de abastados comerciantes. Bem antes do seu nascimento, seu avô paterno foi obrigado a fugir para a Inglaterra por causa dos conflitos religiosos que na época eclodiam em vários países da Europa. Na Inglaterra rapidamente estabeleceu um negócio bem-sucedido, que o tornou um prospero, e rico comerciante. Todavia, o contrário ocorreu com pai de Beeckman, que devido aos preconceitos que os ingleses nutriam contra os estrangeiros, foi forçado a emigrar de Londres para a Holanda, onde se tornou um próspero fabricante de velas, instalador e conservador de canalizações de água em Middelburg. E, posteriormente veio a se casar com uma jovem de uma rica família de fabricantes de carruagens, a qual veio a se tornar a mãe de Beeckman.

Beeckman foi um aluno brilhante. Principiou seu estudo visando tornar-se sacerdote da igreja reformada da Holanda. Para isso, recebeu aulas de teologia, primeiro na escola de Leyden e, posteriormente, em Saumur. Todavia, sua curiosidade intelectual era tão intensa e diversificada que, paralelamente à teologia, passou a realizar estudos particulares de ciência, que nessa época eram as teorias aristotélicas interpretadas pelos estudiosos medievais. Em seu entusiasmo por aprender, estudou navegação, matemática e língua hebraica. Quando sua paixão pelo estudo da filosofia natural brotou, seu interesse por teologia desvaneceu. E, uma vez formado, não quis se dedicar ao sacerdócio. Em vez disso, ingressou na fábrica de seu pai, passando a produzir velas e condutos hidráulicos, os quais ele veio mais tarde a instalar na Zelândia.

Em Saumur, sua viva curiosidade levou-o a aplicar-se intensamente ao estudo particular de medicina durante dois anos. Em 1618 submeteu-se ao exame da Universidade de Caen e, de acordo com as regras acadêmicas existentes na época, foi aprovado com louvor para exercer a profissão de médico, todavia nunca veio a clinicar. Seu interesse sempre crescente pela filosofia natural convergia para a Mecânica, Astronomia, Engenharia e Meteorologia. Foi um dos primeiros cientistas a propor a aplicação da matemática na física.

Por essa época, Beeckman havia consolidado a sua reputação como um dos filósofos naturais jovens mais brilhantes da Holanda, com isso veio a desfrutar das vantagens de vários empregos como consultor, professor e administrador. Sua mente era tão brilhante e lúcida que se sentiu suficientemente confiante para prestar consultoria em construção naval. E, reconhecendo a sua enorme capacidade intelectual, em 1619 a autoridades o nomearam como perito técnico para avaliar um projeto que tinha por objetivo livrar o porto de Middelburg dos bancos de areia. Também foi pelos seus conselhos técnicos, que um rico comerciante de Roterdã escapou de realizar um empreendimento condenado ao fracasso. Tratava-se de um moinho baseado num princípio de moto-perpétuo. Esse comerciante, reconhecendo a capacidade intelectual de Beeckman, contratou-o para construir uma fonte em seu jardim.

Durante boa parte de sua vida, Beeckman sobreviveu em função do magistério e da administração educacional. Tanto que, entre 1619 a 1620, trabalhou na Escola de latim de Utrecht, Roterdã como co-reitor. A partir de 1620, foi reitor assistente de seu irmão na escola de latim de Roterdã, compartilhando do mesmo salário do irmão. Em 1623 a 1627 foi co-reitor em Roterdã e, finalmente em 1627, foi reitor da escola de latim em Dordrecht.

Como administrador, criou o Collegium Mechanicum, para que artesãos e intelectuais se aprofundassem no estudo de problemas relacionados com matérias de caráter técnico-científicos, tais como matemática, mecânica, teoria da perspectiva, técnica arquitetônica etc. Em 1628 na escola de Dordrecht, onde trabalhava, montou uma estação meteorológica para suas observações particulares, a qual, também, servia para suas observações astronômicas. Durante muitos anos realizou metodicamente registros de fenômenos meteorológicos. E, para essa finalidade, desenvolveu vários instrumentos de pesquisa, incluindo um termoscópio. Fez suas observações astronômicas com o cientista Lansberg. Como na época os instrumentos de observações telescópicas eram bastante precário Beeckman passou a se dedicar com afinco ao polimento de lentes, visando melhorar as técnicas de polimento e a eficácia dos telescópios.

A essa altura de sua vida possuía uma erudição descomunal. Era verdadeiramente uma enciclopédia ambulante. Tinha o costume de anotar em seus diários todas reflexões e idéias importantes ou originais que lhe ocorriam ao refletir sobre as leituras que realizava ou que provinham de suas próprias pesquisas científicas pessoais.

Em 1636 Beeckman foi indicado para participar do Comitê formado pelos Países Baixos para avaliar a proposta de Galileu Galilei (1564-1642) que havia sugerido uma forma de colocar os satélites de Júpiter a serviço de navegação, os quais permitiriam determinar a longitude dos navios em alto mar. Galileu tinha um especial interesse no sucesso do método, principalmente tendo em vista que poderia ganhar um prêmio fabuloso oferecido pelo rei da Espanha.

Em 10 de novembro de 1618, Beeckman veio a conhecer e a se tornar grande amigo de um jovem militar francês chamado René Descartes, que estava aquartelado nas proximidades de Breda. E, após uma breve conversa sobre problemas de física, Beeckman ficou bastante impressionado com as qualidades intelectuais de Descartes. Imediatamente os dois se identificaram como almas gêmeas e juntos estudaram problemas ligados à mecânica, à hidrostática e a questões matemáticas. Foi com Beeckman que Descartes veio a conhecer os fundamentos de uma abordagem microcorpuscular da mecânica. Depois que este deixou a Holanda, em 1619, os dois passaram a se corresponder com freqüência. O exame destas correspondências mostra a enorme influência intelectual que Beeckman exerceu sobre Descartes. Em 1628, os dois voltaram a se encontrar, no entanto o relacionamento de ambos rapidamente se esfriou quando Descartes acusou Beeckman de se vangloriar do que lhe havia ensinado. A acusação de Descartes era absurda e injusta, posteriormente eles se reconciliaram, mas o relacionamento se tornou morno, nunca mais voltou a ser tão caloroso como antes. Além de Descartes, Beeckman também manteve amizade e correspondência científica com outros grandes cientistas de sua época tais como o matemático e astrônomo Willebrord Snell (1580-1626), o astrônomo Pierre Gassendi (1592-1655), e o matemático Marin Mersenne (1588-1648), entre outros.

Com exceção de sua tese de medicina, Beeckman nunca se preocupou em publicar os resultados de suas pesquisas em filosofia natural. Porém, manteve um diário com grande número de observações e descobertas de inestimável valor. Nesse diário, Beeckman, registrava seus assuntos pessoais, seus experimentos, correspondências, teorias etc. E foi somente em 1939 e 1953 que o diário de Beeckman foi organizado e publicado por Cornelius de Waard em quatro volumes. Ou seja, a obra veio a público trezentos anos depois de sua morte. Porém, quando teve início os bombardeios aéreos na segunda guerra mundial, o diário original de Beeckman se perdeu, talvez para sempre.

O alcance, a originalidade e a profundidade da iniciativa intelectual de Beeckman, dedicada ao desenvolvimento da ciência moderna, infelizmente, não têm sido suficientemente apreciada pelos pesquisadores e historiadores da ciência. Principalmente por causa da forma assistemática e epistolar como Beeckman comunicava suas descobertas. Porém, o seu diário e as suas correspondências revelam que ele foi uma figura fundamental que orientou, preparou e influenciou grandes cientistas e, antecipou em muito a ciência de seu tempo, introduzindo várias inovações que foram adotadas no decorrer do século XVII.

Certamente ele tinha consciência da importância de suas pesquisas particulares, tanto que registrou tudo num diário, todavia deixou de publicar tais assunto; não porque fosse incapaz de imprimir ao seu trabalho a perfeição que consideraria satisfatório para o seu intelecto, mas porque sua mente era tão ativa e os seus interesses tão variados e diversificados que bastava ver satisfeita sua curiosidade pessoal na solução de algum problema que realizava em particular. Sua solução era a sua própria recompensa. Beeckman faleceu prematuramente em Dordrecht, a 19 de Maio de 1637, com a idade de 49 anos.

Apesar de Beeckman ter desconsiderado a teoria do ímpeto, ela não iria morrer tão facilmente, pois muitos cientistas renascentistas e modernos, que trabalharam com as antigas e as novas idéias da física adotaram durante algum tempo de suas vidas a filosofia da teoria do ímpeto como uma teoria perfeitamente válida para explicar as causas do movimento dos corpos. Entre os principais cientistas podemos mencionar os seguintes: Nicolo Tartaglia (1500-1557); Galileu Galilei (1564-1642); René Descartes (1596-1650) e Isaac Newton (1642-1727).

CAPÍTULO VI

DESCARTES E A TEORIA DO ÍMPETO

6.1. Introdução

Entre os grandes pensadores da era moderna se destaca o genial filósofo francês René Descartes (1596-1650) que adotou em suas obras algumas das idéias fundamentais da célebre teoria do ímpeto. E por essa perspectiva tentou analisar o movimento e o impacto dos corpos por meio de algumas regras básicas, com as quais procurou estabelecer a maneira pela qual os movimentos são transferidos de um corpo para outro. Para isso ele considerou uma suposta "força interna" do corpo em movimento, a qual chamava de *força de movimento de um corpo*, que nada mais era do que um outro nome para o ímpeto; porém, agora, identificado como uma força e revestido por novas qualidades e aplicado em outros campos da mecânica.

Verdade é que Descartes não conseguiu jamais dar à sua teoria uma formulação racional que fosse coerente com todos os fenômenos mecânicos observados pela filosofia natural. Jamais justificou suas idéias matematicamente ou experimentalmente. E, com o advento da Dinâmica de Newton, tal conceito foi aos poucos sendo renegado e acabou caindo no mais completo esquecimento na área da física, não fazendo parte da ciência moderna.

6.2. Idéias de Descartes

Num famoso manuscrito datado de 1619, o qual foi intitulado por *Physico-mathematica*, Descartes procurou apresentar uma explicação lógica sobre o comportamento da força que estaria relacionada com o aumento contínuo do movimento uniformemente acelerado de um corpo em queda livre. Ele descreveu essa situação em termos de uma suposta "força motriz interna", a qual era acrescentada ao corpo móvel a cada instante. O que provocava, em conseqüência, no mesmo instante, um novo "aumento do movimento". Três séculos antes, essa idéia também foi defendida por Jean Buridan.

Com isso, o filósofo francês procurou explicar o movimento uniformemente variado de um corpo em função do acréscimo reiterado de uma suposta "força motriz interna" acrescentada nesse corpo. Segundo o referido autor, essa força não causava somente a aceleração contínua de um corpo em queda livre, mas também era a causa responsável pela continuação do seu movimento. Essa teoria claramente representa um importante avanço em relação a antiga teoria medieval do ímpeto, pois procurava explicar não somente o movimento com velocidade constante, mas também incluía em sua explicação a causa do aumento uniforme da velocidade de um corpo em queda livre. Todavia, a forma como essa força motriz interna era acrescentada a todo instante ao corpo em queda livre era um verdadeiro mistério que Descartes nunca tentou ou soube explicar. Nessa fase de seu trabalho, Descartes defendia uma teoria que poderia muito bem ser sintetizada no seguinte postulado: *O acréscimo reiterado de forças motrizes internas nos corpos é a causa da aceleração e do movimento continuado.*

Verdade é que nesse ponto em particular Descartes havia adotado uma versão atualizada da teoria do ímpeto defendida pelos filósofos aristotélicos Fonseca e Toletus, cujas idéias serviram de base para a elaboração dos famosos comentários sobre a Física de Aristóteles produzidos na década de 1590 pela Universidade de Coimbra em Portugal, a qual Descartes teria profundamente estudado no colégio "La Flèche".

Em última análise, fica claro que Descartes apresentou em seu manuscrito idéias bastante sofisticadas sobre a teoria do ímpeto, as quais eram defendida pelos mais recentes filósofos aristotélicos da época. Para Descartes um corpo só mantém a sua situação de movimento retilíneo e uniforme ou de movimento uniformemente variado se houver uma "força motriz interna" mantendo tal movimento. Também está claro por esta idéia, que o ímpeto agora apresenta a natureza física de uma suposta força motriz interna ao corpo. Traduzindo essa teoria para a linguagem da física do ímpeto, pode-se dizer que: **a**) um ímpeto constante é a causa de um movimento retilíneo e uniforme contínuo; **b**) e um ímpeto que é acrescentado de forma reiterada a todo o instante no corpo é a causa do movimento uniformemente variado, caso verificado nos corpos em queda livre.

6.3. Teoria do Movimento de Descartes

Catorze anos mais tarde, em 1633, Descartes concluiu o seu precioso livro de Física, intitulado *Le Monde*, que lhe causou certa frustração. Nesta obra ele apresentou as suas três leis básicas do movimento, conhecidas como as três leis da natureza, as quais eram destinadas a descrever o comportamento dos corpos em colisão, a saber:

1ª Lei: *Uma vez postos em movimento os corpos continuam sempre em seu movimento com força igual, até que outros o detenham ou o retardem.* [1]

Nessa lei Descartes defende a tese de que um corpo, posto em movimento uniforme, continua para sempre no seu estado de movimento conservando indefinidamente uma determinada quantidade força que permanece constante. Na Idade Média essa força seria perfeitamente identificada como caracterizando o próprio ímpeto, cuja natureza era desconhecida. Entretanto, em Descartes o ímpeto possui uma nova característica, qual seja: trata-se de uma força que se conserva numa mesma intensidade durante todo o processamento do movimento. Ou seja, essa força não é consumida no movimento do corpo, a não ser se tal corpo for detido ou retardado por outros corpos.

Numa carta endereçada a Marin Mersenne (1588-1648), Descartes ao comentar a sua primeira lei, afirmou que: *É um grande erro considerar como um princípio que nenhum corpo move a si mesmo. Pelo fato de um corpo começar a se mover, é certo que ele traz dentro de si a força para continuar a se mover; do mesmo modo, o próprio fato de ele ficar estacionário em algum lugar significa que tem a força para continuar a permanecer ali.*[2]

Nessa carta Descartes contradiz o seu amigo Isaac Beeckman, ao se recusar a aceitar a idéia de que um corpo poderia mover-se por si mesmo. Para Descartes todo e qualquer corpo em repouso ou em movimento retilíneo e uniforme ao infinito, é mantido em seu estado por uma força, a qual estaria localizada dentro desses corpos. Mas pergunta-se: Que forças são essas e como avaliá-las? Descartes não as identificou e também não apresentou nenhum método para avaliá-las.

2ª Lei: *O movimento total dos corpos que se chocam é conservado, entretanto pode redistribuir-se entre eles.* [3]

Nessa lei Descartes fala da grandeza física conhecida como quantidade de movimento a qual permanece conservada no corpo ou em caso de choques redistribuem-se entre eles. Descartes viveu uma fase de transição da física e por isso parece oscilar entre duas idéias. Uma hora parece adotar conceitos da física moderna, outra hora defende conceitos da física antiga. Eis que numa elaboração posterior, Descartes, ao expor a sua segunda lei reformulou-a em termos da conservação de uma suposta "força do movimento", como se pode verificar em suas próprias palavras:

O movimento de um corpo não é retardado por colisões com outro proporcionalmente a quanto de resistência este lhe opõe, mas apenas em proporção a quanto da resistência desse último é superada, e na medida em que, em obediência à lei, ele recebe em si a força do movimento que o primeiro perde. [4]

Nesta lei Descarte defende a tese de que um corpo, ao chocar-se com outro, transfere sua "força do movimento" de tal modo que o segundo recebe em si a "força do movimento" que desaparece do primeiro.

3ª Lei: *Somente o movimento em linha reta é inteiramente simples e de natureza tal que pode ser completamente apreendida num instante.* [5]

Por essas leis fica perfeitamente claro que Descartes estava preso aos conceitos da teoria medieval do ímpeto, com a qual fez excelentes aplicações na física, porém não conseguiu dar-lhe uma formulação mais racional ou rigorosa dentro de um contexto completo, consistente, coerente, matemático e experimental. E, com o advento da dinâmica clássica sistematizada pelo gênio do físico inglês Isaac Newton (1642-1727), todos os conceitos defendidos pela *antiga teoria do ímpeto* ou pela *teoria atualizada do ímpeto*, tais como "força impressa", "força do movimento", "força interna", "acréscimos reiterados de força motriz interna" etc., praticamente foram renegados pelos cientistas modernos. E, com o passar do tempo, como a fumaça que se desfaz, tais idéias foram se desvanecendo até alcançarem o mais completo esquecimento, não fazendo parte integrante da Física Moderna.

Depois de séculos a teoria do ímpeto foi definitivamente abandonada por dois motivos: primeiro porque faltou uma base experimental ou matemática que pudesse comprovara realidade do ímpeto; segundo porque a teoria do ímpeto não conseguiu absorver em seus quadros as novas descobertas científicas tais como o conceito de força externa, massa, resistência da matéria às mudanças de movimento etc.

6.4. René Descartes

René Descartes era filho de uma tradicional família de classe média. Ele nasceu em 31 de março de 1596 na cidade de La Haye, perto de Tours, na França. Era o quarto filho de Joachim, um bem-sucedido juiz da Alta Corte da Bretanha. Quis a fatalidade que a sua mãe viesse a falecer, apenas um ano após o seu nascimento, por complicações decorrentes do parto.

Quando seu pai contraiu novas núpcias, Descartes foi morar na casa de sua avó materna. Ali passou a receber os cuidados de uma babá especialmente designada para cuidar dele. Ela procurou por todas as formas suprir a ausência da falecida mãe de Descartes, e este se apegou profundamente a ela por um grande relacionamento afetivo. Quando adulto, Descartes reconheceu seus esforços maternais e veio a sustentá-la até o fim dos seus dias.

Apesar dos cuidados dedicados por sua baba, Descartes teve uma infância bastante triste e solitária. A morte prematura de sua mãe e o pai ausente o tornou uma pessoa introvertida e reservada, o que fez conhecer os prazeres de viver na solidão com os seus próprios pensamentos, mas também o tornou uma pessoa pouco sociável. Dispensava qualquer um que se aproximasse dele. Nunca formou fortes laços de amizades com ninguém. Sempre manteve distância de todos e nunca deu a devida atenção nem mesmo à sua própria família. Para se ter uma idéia, nunca compareceu a qualquer um dos casamentos de suas irmãs, nem mesmo compareceu velório do pai e nunca teve interesse em constituir a sua própria família.

O pai de Descartes tinha um amigo que era diretor do recém fundado Colégio Jesuíta, localizado em La Flèche, Anjou. Essa foi a razão pela qual ao completar oito anos de idade, a família resolveu enviá-lo como interno em La Flèche. Ali Descartes estudou com afinco matemática, metafísica tomista e a filosofia escolástica, que o levou a adquirir uma forte aversão pela filosofia aristotélica que era ensinada nos colégios da época. Consta que foi um aluno muito aplicado que conseguia aprender e assimilar com grande rapidez e facilidade. Foi durante esse período que Descartes adquiriu o péssimo hábito de dormir dez horas por noite levantando-se somente ao meio-dia.

Aos dezesseis anos de idade Descartes concluiu o curso colegial em La Flèche. E, atendendo à vontade de seu pai Joachim, que desejava ardentemente ver o filho seguindo a área jurídica, foi estudar direito na Universidade de Poitiers. Após dois cansativos e desinteressantes anos de estudos, não sentido qualquer atração pela área jurídica, Descartes abandonou a Universidade indo residir em Paris. Por essa época já havia alcançado a sua independência financeira obtida pela herança deixada por sua mãe.

Dois anos depois, cansado da ociosidade e da monotonia da vida social de Paris, Descartes resolveu se alistar no exército. Apesar de nunca ter se envolvido em combate serviu a três exércitos: da Bavária, da Hungria e o da Holanda. E entre um exército e outro visitou a Itália, Polônia, Dinamarca e outros países. Mesmo no exército sempre manteve seu hábito de nunca se levantar antes das doze horas. Na época em que Descartes estava servindo o exército, a Europa estava envolvida num conflito que marcaria a sua história: a Guerra dos Trinta Anos, mas que em nada afetou a vida de Descartes.

Na época em que estava servindo o exército do Eleitor da Baviera, perto de Ulm, Descartes teve três sonhos numa mesma noite, os quais interpretou como sendo um chamado de Deus para consagrar a sua vida aos estudos, e se tornar o arauto de uma nova era porvir. Posteriormente imaginou um suposto método universal capaz de descobrir a verdade pelo uso da razão e abarcar todos fenômenos que ocorrem no universo.

Descartes fixou residência na Holanda, onde viveu por vinte e um anos. Conta-se que escolheu a Holanda por causa da liberdade intelectual ali existente e pela distância das futilidades sociais de Paris. Durante o tempo em que viveu na Holanda, aplicou sistematicamente o seu método aos fatos, com o objetivo de explicar minuciosamente os mais diversos fenômenos da natureza.

Descartes nunca se casou, aliás, essa idéia nunca lhe passou pela cabeça, todavia ele teve um romance com uma moça, que se supõe ter sido a sua criada, de nome Hélène, a qual nunca se interessou em buscar ou conquistar o amor de Descartes. Essa aventura amorosa resultou no nascimento de uma filha que recebeu o nome de Francine, a quem Descartes amou profundamente. Parece ter sido a única pessoa a quem amou em toda a sua vida. Apesar disso, quando recebia alguma visita em sua casa renegava a menina como filha, alegando se que se tratava de uma sua sobrinha. Quando a menina contava cinco anos de idade, ela ficou gravemente doente, vindo a falecer. Descartes, que aparentava ser um homem insensível e frio sofreu muito com a morte de sua filha, ficou tremendamente arrasado e abatido. Foi o mais terrível golpe que o filósofo sofreu em toda a sua vida.

Em torno de 1628, Descartes começou a escrever o seu primeiro livro, que recebeu o título *Regras para a conduta do espírito*, o qual nunca foi completado. Neste livro Descartes apresentava um esboço preliminar do seu método, e somente seria publicado cinqüenta anos após a morte do autor. Nesta obra ele apresentava o cerne do seu método, fundamentado em duas regras de pensamento: *intuição* e *dedução*.

Entre os anos de 1630 a 1634, Descartes procurou desenvolver e aplicar o seu método ao estudo dos fenômenos naturais. Como tinha algumas deficiências em anatomia e fisiologia, passou a dedicar seu tempo à prática de dissecações. Nesse período realizou várias pesquisas em mecânica, ótica, meteorologia, matemática etc.

Reuniu os resultados de seus estudos e pesquisas científicas num grosso calhamaço, que intitulou por *Le Monde*. E quando já se preparava para remeter o manuscrito original ao seu grande amigo e correspondente Marin Mersenne (1588-1648) para que este providenciasse a publicação da obra em Paris, acabou por abortar a idéia. Desistiu da publicação ao receber as notícias pavorosas de que Galileu Galilei (1564-1642) fora acusado em Roma pela inquisição e declarado herético por adotar a também herética teoria de copernicana, que defendia a tese heliocêntrica (Terra girando em torno do Sol). Razão mais do que suficiente para Descartes achar prudente não publicar nada, pois também defendia a teoria do astrônomo polonês Nicolau Copérnico (1473-1543). Essa obra somente seria publicada catorze anos após a morte do autor.

Em 08 de junho de 1637 Descartes, sob pseudônimo, publicou em Leyden, o seu trabalho mais original e também o mais famoso, o *Discurso do método de dirigir devidamente a razão e encontrar a verdade nas ciências*, abreviado para "Discurso Sobre o Método", como um prefácio de três breves apêndices, escrito em um francês elegante e não em latim, língua erudita da época.

Nesses três ensaios científicos, Descartes havia demonstrado a eficácia de seu método quando aplicado na análise de fenômenos científicos. No primeiro apêndice, intitulado *Óptica*, Descartes demonstrava matematicamente a lei da refração da luz, a qual, no entanto já tinha sido descoberta por Willebrord Snell (1580-1626). A referida lei afirma que, quando um raio de luz passa de um objeto para um outro, a relação entre o seno do ângulo de incidência e o seno do ângulo de refração se mantém constante. Neste pequeno ensaio discutiu vários problemas relacionados com as lentes e com instrumentos ópticos. Além disso, procurou descrever como o olho funciona, bem como suas várias disfunções. No mesmo ensaio apresentou uma primitiva teoria ondulatória da luz, a qual posteriormente seria grandemente desenvolvida por Christiaan Huygens (1629-1695). No segundo apêndice realizou a primeira discussão moderna sobre a meteorologia. Nele abordou vários assuntos, tais como as nuvens, a chuva e o vento, além de oferecer uma explicação correta para a formação do arco-íris. Rejeitou a noção dominante de que o calor é constituído por um fluido invisível e apresentou argumentos corretos de que o calor é constituído por uma forma de movimento interno, todavia essa idéia já tinha sido apresentada pelo filósofo inglês Francis Bacon (1561-1626). No terceiro apêndice, que foi intitulado por *Geometria*, Descartes expôs uma idéia revolucionária conhecida no mundo todo como "Geometria Analítica", que unificava os conceitos geométricos com os algébricos, de fundamental importância no desenvolvimento ulterior da matemática, e que seria indispensável na invenção do cálculo por Newton e Leibniz.

Em 1641, seu *Discurso Sobre a Primeira Filosofia* foi publicado juntamente com uma série de *Objeções* apresentada por vários filósofos, entre os quais se destacam, Arnauld, Hobbes e Gassendi. Seu trabalho *Princípios da Filosofia* foi publicado em 1644, originalmente em latim, mas traduções vertidas para o francês foram publicadas em 1647. Essa obra contém, nos últimos três livros, uma exposição sistemática da física de Descartes. Seu último livro publicado em 1649 foi intitulado *As Paixões da Alma*, uma dissecação rigorosamente intelectual e racional das emoções, na qual ele termina declarando que os animais não possuem alma, e os considera criaturas totalmente mecânicas (*Bête-machine*).

A princípio as obras de Descartes foram severamente criticadas pelo mais influentes pensadores da época. Mesmo na Holanda - um país protestante em que havia uma maior liberdade de expressão - Descartes foi acusado de heresia e teve sérios problemas com as autoridades. A universidade de Utrecht condenou suas idéias porque cheiravam a ateísmo. Suas obras chegaram a ser incluída no *Índex* de livros proibidos mantido pela Igreja Católica. Mas no final do século se tornara a filosofia dominante e largamente ensinada nas universidades européias.

Em 1649 Descartes aceitou o convite que lhe fora dirigido pela rainha Cristina (1626-1689) da Suécia, para viver em Estocolmo e tornar-se seu preceptor. Ela era muito esclarecida, e procurava atrair os maiores cérebros da Europa para o seu país, com a única intenção de transformar a corte sueca num centro de cultura. Como Descartes tinha o habito de dormir até mais tarde, ficou seriamente alarmado com o fato de ter que se levantar às cinco horas da manhã para ministrar suas aulas à rainha. Ele receava que o ar frio da madrugada viesse de alguma forma causar a sua morte. O curioso era que sua intuição estava correta, pois apenas quatro meses após a sua chegada naquele país, acabou por contrair um mal dos pulmões durante as frias madrugadas suecas e morreu prematuramente em 11 fevereiro de 1650.

Descartes realizou um impressionante número de descobertas científicas, as quais tiveram um forte impacto no desenvolvimento das ciências naturais no decorrer do século XVII, as quais citam-se:

a) Ao inventar a geometria analítica, Descartes unificou definitivamente a geometria com a álgebra. Com essa poderosa ferramenta ficou claro que todos os problemas geométricos podiam ser representados por uma abordagem puramente algébrica. Isso deu início a uma verdadeira revolução na matemática;

b) Apresentou ao mundo um sistema completo e racional do universo físico, totalmente diferente daquele apresentado por Aristóteles. E, muito embora não estivesse correto, acabou por abalar definitivamente as bases da filosofia escolástica;

c) Ensinou os intelectuais a pensarem de forma mais rigorosa. Com o seu método permitia, a partir de um raciocínio rigoroso, construir uma ciência mais sólida na medida em que era submetida à dúvida metódica;

d) Desenvolveu uma clara definição do princípio da inércia, a qual afirmava que: "cada corpo que se move tende a continuar o seu movimento em linha reta";

e) A física de Descartes é rigidamente mecanicista. Isso permitiu o abandono das famosas "qualidades ocultas" que impregnavam a antiga física e também serviu de inspiração para a ciência moderna;

f) Finalmente pode-se acrescentar o fato de que a física moderna está fundamentada no tripé do racionalismo cartesiano, na matemática e na experiência.

CAPÍTULO VII

GALILEU E A TEORIA DO ÍMPETO

7.1. Introdução

Influenciado pelo livro *Diversarum speculationum mathematicarum et physicarum liber* que foi publicado em 1585 pelo filósofo natural Giovanni Battista Benedetti, o cientista italiano Galileu Galilei adotou, durante boa parte de sua juventude, a teoria do ímpeto como uma alternativa perfeitamente plausível às explicações aristotélicas do movimento dos corpos. Em seu expressivo manuscrito intitulado *De Motu*, produzido em torno de 1590, Galileu apresentou uma explicação da queda livre dos corpos em função de uma força impressa incorpórea auto-exaustiva, ou ímpeto, o qual ficava conservado e acumulado no corpo. Tal explicação, praticamente, em nada difere daquela apresentada por Jean Buridan.

Porém, ao desenvolver o método experimental e matemático aplicado na física, Galileu procurou evitar o máximo possível fundamentar suas explicações ou conclusões em noções de força referindo-se somente aos movimentos dos corpos. Com essa postura crítica acabou por criar o ramo da Mecânica conhecido por Cinemática, a qual procura descrever qualitativamente e matematicamente o movimento dos corpos sem se preocupar com as suas causas. Todavia, na falta de uma dinâmica racional perfeitamente desenvolvida para explicar a causa do movimento, Galileu tendia a adotar alguns poucos aspectos da teoria do ímpeto. Em sua obra revolucionária que foi intitulada por *Diálogo Sobre Duas Novas Ciências*, existem várias referências à expressão *ímpeto*. No Escólio da "Terceira Jornada - Problema IX - Proposição XXIII", Galileu defende a idéia de que a quantidade de ímpeto que o corpo adquire em queda livre é a mesma necessita para elevá-lo à altura que possuía antes de entrar em queda livre, observe:

• *Se tomamos a seguir dois pontos quaisquer D e E, que estão à mesma distância do ângulo B, podemos inferir que a descida por DB será efetuada num tempo que é igual ao tempo do movimento ascendente por BE. Tracemos DF paralelas a BC, de sorte que a descida por AD seja desviada segundo DF; mas se, depois de D, o móvel se movesse sobre a linha horizontal DE, seu* **ímpeto** *em E seria igual ao* **ímpeto** *em D. Portanto, subiria de E até C e, assim, o grau de velocidade em D é igual ao grau de velocidade em E. Do que foi dito podemos deduzir, portanto, que se um móvel, após ter descido por um plano inclinado qualquer, tem seu movimento desviado por meio de um plano ascendente, subirá em virtude do* **ímpeto** *adquirido até uma altura igual àquela que tinha com respeito à horizontal.*[1]

Diante desse comentário fica claro que Galileu ensinava que quando um corpo desce num plano inclinado descendente, ele adquire um certo ímpeto suficiente para elevá-lo à altura que tinha ao subir um plano inclinado ascendente. A idéia é a seguinte: quando o corpo desce, ele adquire um certo ímpeto e a sua velocidade cresce. A seguir a velocidade diminui à medida que o corpo sobe, enquanto que o ímpeto é consumido nessa atividade. Portanto, está claro que o corpo sobe o plano inclinado ascendente em virtude de um certo ímpeto que ele havia adquiriu quando se deslocava no plano inclinado descendente.

Na "Quarta Jornada - Problema I - Proposição IV", Galileu discorre abertamente sobre as várias possibilidades da ação do ímpeto no movimento dos corpos, observe:

• *Falta depois encontrar um meio para determinar também a quantidade de* **ímpeto** *de um movimento uniforme, de tal modo que todos aqueles que tratem dessa questão se formem o mesmo conceito de sua grandeza e velocidade, evitando assim que alguém o imagine mais veloz, enquanto que outro pensa ser menos veloz, e que, ao unir e misturar este movimento uniforme com um movimento acelerado estabelecido, diferentes homens formem diferentes conceitos da grandeza dos* **ímpetos**. *Para determinar e representar este* **ímpeto** *e velocidade particular, nosso Autor não encontrou outro meio mais adequado que se servir do*

*ímpeto adquirido por um móvel durante um movimento natural-
mente acelerado, pois qualquer momento adquirido, graças a esse último movimento e convertido em movimento uniforme, conserva precisamente seu valor limite.* [2]

Com essa afirmação de Galileu, fica evidente que ele
acreditava que um corpo em movimento acelerado adquire de
forma crescente um certo ímpeto, cuja quantidade fica conservado no corpo. Quando este deixa de ser acelerado, passa a apresentar um movimento uniforme que mantém conservada a última
quantidade de ímpeto que havia recebido até o último instante
antes de deixar de ser acelerado.

• *Se os dois movimentos são uniformes, já vimos como
o **ímpeto**, resultante da composição de ambos, é igual em potência à soma deles.* [3]

• *E assim uma regra firme e segura que, para determi-
nar a quantidade de **ímpeto** resultante de dois **ímpetos** dados, um
horizontal e outro perpendicular, mas ambos uniformes, temos
que encontrar seus quadrados, adicioná-los e extrair a raiz qua-
drada da soma, o que nos dará a quantidade do **ímpeto** composto
pelos dois **ímpetos**.* [4]

Aqui Galileu trata o ímpeto como uma grandeza vetorial,
cuja resultante pode ser calculada com o emprego do teorema de
Pitágoras.

• *E evidente que a diagonal, que é a linha descrita pelo
movimento composto, não é uma linha reta, mas, como foi demonstrado, uma linha semiparabólica, na qual o **ímpeto** cresce
sempre, devido ao constante incremento da velocidade do movimento perpendicular. Se quisermos, portanto, determinar qual é o
ímpeto num ponto determinado dessa diagonal parabólica, de-
vemos antes fixar a quantidade de **ímpeto** uniforme horizontal e
depois investigar qual seria o **ímpeto** do corpo que cai no ponto
fixado.* [5]

Nesse ponto, Galileu fala dos projéteis lançados obliquamente e que por causa do movimento uniforme na horizontal e do
movimento acelerado em queda livre, descrevem uma trajetória
que assume sempre a forma de uma parábola. Aqui Galileu pro-

põe que para se calcular o ímpeto do corpo num dado ponto da trajetória parabólica deve-se verificar o ímpeto que o corpo apresenta em seu movimento horizontal e depois verificar o ímpeto que o corpo adquire naquele ponto em seu movimento acelerado em queda livre. Depois só basta aplicar os resultados no teorema de Pitágoras para se calcular a resultante.

Existem muitas outras passagens nesse sentido. E, muito embora Galileu não tenha defendido acaloradamente a teoria do ímpeto, a sua obra mostra que ele havia aceitado alguns poucos aspectos dessa teoria. Diante disso fica claro que Galileu havia adotado o conceito de ímpeto para explicar alguns fenômenos cinemáticos por ele observado.

7.2. As Modernas Idéias de Galileu Galilei

Após dedicar toda a sua vida à ciência, Galileu Galilei em 1638 veio publicar seu extraordinário livro, intitulado *Diálogo Sobre Duas Novas Ciências*, o qual foi de importância fundamental para o desenvolvimento da física. Nessa obra ele apresentou ao mundo as suas descobertas e conclusões sobre os movimentos dos corpos. Demonstrou que todos os aspectos do movimento podem ser descritos em termos matemáticos. Apesar de suas experiências em cinemática, sua obra apresenta de forma positiva, palavras e termos que lembram a teoria do ímpeto, mostrando claramente que, apesar de seu esforço, Galileu não conseguira se libertar totalmente de alguns conceitos medievais que caracterizavam a antiga física do ímpeto.

Com relação às suas investigações científicas originais, pode-se verificar que ele realizou inúmeras experiências cruciais que vieram a demonstrar algumas das falácias da filosofia de Aristóteles e as de seus seguidores. As principais conclusões de Galileu podem ser apresentadas resumidamente da seguinte forma:

1º - Ao trabalhar com superfícies cada vez mais polidas Galileu verificou que a velocidade de um corpo lançado nessas superfícies decrescia cada vez mais lentamente do que quando era lançado na superfície anterior (um pouco mais áspera), e com isso percorria uma distância cada vez maior antes de parar. Ao extrapolar as conclusões dessas experiências inferiu que se conseguisse eliminar totalmente o atrito da superfície, um corpo continuaria indefinidamente em movimento retilíneo com velocidade constante, sem que fosse necessária a ação contínua de qualquer força para manter tal movimento ou velocidade. Diante desta conclusão, Galileu simplesmente acabou por negar o pressuposto aristotélico de que o movimento requeria uma força externa contínua para se manter.

Galileu admite que o movimento ocorre num estado tão natural quanto o estado de repouso de um corpo. Com isso fica claro que é totalmente desnecessária a existência de uma força que opere constantemente sobre qualquer móvel para explicar a sua situação de movimento.

E, muito embora Galileu não tenha enunciado explicitamente a sua descoberta sobre o fenômeno da inércia sob a forma sintética de uma lei, verdade é que ele havia percebido claramente de que se tratava de um princípio fundamental da natureza e empregou-o corretamente em muitos casos ao explicar os fenômenos do movimento. Observe nas próprias palavras de Galileu a aplicação que ele fez da inércia:

E, portanto, sem obstáculos externos, um corpo pesado numa superfície esférica concêntrica como a Terra será indiferente ao repouso e aos movimentos para qualquer parte do horizonte. E ele se manterá naquele estado em que foi colocado, isto é, se colocado em estado de repouso, assim se conservará; e se colocado em movimento para oeste (por exemplo), continuará nessa direção. [6]

Apesar da aplicação que Galileu faz da inércia, foi René Descartes (1596-1650) e não Galileu quem, pela primeira vez, enunciou claramente o princípio da inércia na forma de uma lei, embora tal princípio estivesse dividido em dois axiomas (movimento e repouso).

2º - Por argumentos puramente filosóficos Aristóteles ensinava que, no vácuo, os corpos pesados e os leves cairiam com a mesma velocidade. Porém, ele concluiu que isso era uma impossibilidade porque o vácuo era um ente inconcebível. Para os discípulos de Aristóteles tal conclusão permitia inferir da autoridade do "mestre" a tese de que os corpos pesados caem com uma rapidez maior do que os mais leves. Assim o aristotelismo ensinava que o movimento para baixo de qualquer corpo pesado é tanto mais rápido quanto maior for seu tamanho.

Novamente foi Galileu quem argumentou contra essa concepção equivocada. Conta a lenda que, numa célebre experiência, supostamente realizada do alto da Torre de Pisa, Galileu mostrou que dois corpos de diferentes pesos, ao serem largados de uma mesma altura e no mesmo instante, chegam ao solo no mesmo momento. Nessa experiência Galileu demonstrou a idéia equivocada dos filósofos aristotélicos, a de que o movimento dos corpos em queda livre é tanto mais intenso quanto maior for o peso do corpo considerado.

3º - Galileu também havia demonstrado que os projéteis descreviam uma trajetória parabólica, ao admitir que a queda livre de um corpo (movimento natural) ocorria independentemente dos movimentos forçados (não naturais) a que era submetido. Ficou claro que a trajetória parabólica de Galileu deriva-se de uma ação combinada desses dois movimentos (natural e artificial). A afirmação de que dois movimentos podem ocorrer simultaneamente demonstraram a falácia dos filósofos aristotélicos de que os movimentos não ocorrem ao mesmo tempo.

7.3. Conclusões de Galileu Galilei

Em resumo, as descobertas científicas fundamentais que foram realizadas por Galileu Galilei na área da mecânica podem ser sintetizadas modernamente nas seguintes conclusões:

• *Para que um corpo permaneça em movimento não é necessário que ele esteja sob a ação de forças.*

• *O movimento uniformemente acelerado se caracteriza pela ocorrência de incrementos iguais de velocidade em intervalos de tempos iguais.*

• A velocidade que os corpos adquirem em queda livre, próximo à superfície da Terra, é proporcional ao tempo.

• Próximo à superfície da Terra, a aceleração é constante.

• A aceleração que a gravidade comunica aos corpos em queda livre não depende de seu peso ou massa.

• A distância percorrida pelos corpos em queda livre é proporcional aos quadrados dos tempos.

• Os projéteis lançados obliquamente descrevem uma trajetória na forma de uma parábola.

Os resultados obtidos por Galileu representam uma primeira abordagem de um estudo fundamental e rigorosamente científico do ramo da Mecânica que foi denominado por Cinemática. Ciência que realiza o estudo da descrição matemática do movimento dos corpos, sem se preocupar em compreender as causas que os produzem.

Diante das pesquisas apresentadas por Galileu pode-se afirmar que no século dezessete a autoridade de Aristóteles foi seriamente contestada e sofreu um tremendo abalo, o que implicou na mudança do paradigma prevalecente. Toda filosofia natural aristotélica se tornou incompatível com a nova forma de fazer ciência. Também se tornou incapaz de abarcar em seu bojo as novas descobertas científicas da física. De tal modo que sua idéia sobre o dinamismo dos corpos que se movem (interação entre força e movimento) foi seriamente questionada por estarem destituídas de realidade física e em total desacordo com as experiências. Apesar disso, a teoria do ímpeto continuou a exercer uma tremenda fascinação na vida de muitos cientistas que vieram posteriormente. Até mesmo o célebre físico inglês Isaac Newton, pai da teoria da gravidade, foi tremendamente influenciado por essa teoria durante duas décadas antes de aderir definitivamente ao princípio da inércia.

CAPÍTULO VIII

GALILEU GALILEI

8.1. Introdução

Um ancião, em avançado em idade, cuja coluna já estava alquebrada pelo peso dos anos, fora acusado de heresia. E, diante de figuras imponentes, vestia uma simples túnica branca - própria dos penitentes em estado de contrição. Aquela velha figura, cansada e doente se ajoelha e abjura conforme lhe fora ordenado a fazer pelo Tribunal mais poderoso da face da Terra:

"Eu, Galileu, filho de Vincenzio Galilei, florentino, setenta anos, citado pessoalmente diante deste tribunal e ajoelhado diante dos senhores, Eminentíssimos e Reverendíssimos Senhores Cardeais, Inquisidores-Gerais contra a depravação herética na comunidade cristã, tendo diante dos meus olhos e tocando com minhas mãos as Sagradas Escrituras, juro que sempre acreditei, acredito agora e, com a ajuda de Deus, acreditarei sempre em tudo o que é sustentado, pregado e ensinado pela Santa Igreja Católica e Apostólica. Mas, considerando que, depois de ter sido admoestado por este Santo Ofício a abandonar inteiramente a falsa opinião de que o Sol é o centro do universo e é imóvel, e de que a Terra não é o centro do mesmo e que se move, e que não devo adotar, defender nem ensinar de nenhuma forma, seja oralmente, seja por escrito, a dita falsa doutrina, e depois de ter sido notificado a mim que referida doutrina era contrária às Sagradas Escrituras, escrevi e mandei imprimir um livro em que trato da já condenada doutrina e aduzo argumentos de muita eficácia em seu favor, sem chegar a nenhuma conclusão: fui julgado veementemente suspeito de heresia, isto é, de ter sustentado e acreditado que o Sol é o centro do universo e é imóvel, e de que a Terra não é o centro e se move.

Portanto, desejando remover da mente de Vossas Eminências e de todos os fiéis cristãos essa forte suspeita justamente concebida contra mim, abjuro de coração com autêntica fé, maldigo e repudio ditos erros e heresia, e de um modo geral quaisquer erros e seitas contrários à Santa Igreja Católica. E juro que doravante jamais voltarei a dizer ou asseverar, falando ou escrevendo, tais coisas que possam lançar sobre mim semelhante suspeita; e se conhecer algum herético, ou pessoa suspeita de heresia, denuncia-lo-ei a este Santo Ofício, ou ao Inquisidor Ordinário do lugar em que eu possa estar. Também juro e prometo adotar e observar inteiramente todas as penitências que me foram ou possam vier a ser impostas por este Santo Ofício. E, se eu contravier qualquer um dos referidos votos, protestos ou juramentos (que Deus me livre!), submeter-me-ei a todas as penas e punições impostos e promulgadas pelos Santos Cânones e outros Decretos, gerais e particulares, contra tais ofensores. Que Deus e estes Santos Evangelhos, que toco com minhas próprias mãos, me ajudem a tanto.

Eu, Galileu Galilei, abjurei, jurei, prometi e obriguei-me conforme acima; e, em testemunho da verdade, de próprio punho subscrevi o presente documento de minha abjuração e recitei-o palavra por palavra em Roma, no convento da Minerva, neste dia 22 de junho de 1633.

Eu, Galileu Galilei, abjurei conforme acima, de próprio punho."[1]

Depois de pronunciar a dita adjuração, Galileu caído em desgraça foi colocado na prisão das masmorras do Santo Ofício. E, por ordem do papa Urbano VIII, a notícia da humilhação de Galileu deveria ser divulgada com grande estardalhaço por toda a Itália e por vários países católicos da Europa, para que servissem de alerta e exemplo aos matemáticos e filósofos que porventura tivessem adotado a opinião copernicana do movimento da Terra em torno do Sol. A propaganda papal foi bem sucedida. A notícia da condenação de Galileu chegou a intimidar vários estudiosos da Ciência. O filósofo francês René Descartes, quando soube da condenação de Galileu, desistiu de publicar o livro que acabara de concluir, *Le monde*, porque abordava a concepção heliocêntrica defendida por Copérnico.

O julgamento de Galileu Galilei, sua condenação e a sua prisão constituíram o ponto culminante de um típico caso de conflito entre ciência e religião, que chamou a atenção do mundo durante séculos para a intolerância da Igreja Católica. Nenhum outro processo nos registros do direito canônico repercutiu de forma tão negativa na história com mais conseqüências e pesares do que o processo que condenou a ciência na pessoa de Galileu Galilei. O julgamento de Galileu representou a luta contra a intolerância pela liberdade de pensamento e de expressão, representou a defesa do individualismo contra a autoridade constituída e também representou o choque entre as novas e velhas concepções. Verdadeiramente, o julgamento de Galileu foi uma atrocidade que afrontou a ciência, preocupou cientistas, desprestigiou a Igreja Católica e expôs a religião ao vitupério até aos dias de hoje.

A Igreja, qualquer que seja ela, precisa ter seus limites perfeitamente delineados, e deve ser instada a permanecer no seu universo. Ela foi criada para defender as coisas pertencentes ao mundo espiritual e não as coisas do mundo terreno. Ela existe para melhorar o caráter e o relacionamento e entre os homens e não para persegui-los, ameaçá-los, ou matá-los. Foi chamada para ajudar os homens a desenvolverem sua inteligência espiritual, e não para se intrometer na política ou na ciência, pois não tem nenhuma competência para isso, a não ser o seu próprio querer ou a sua terrível presunção de ser senhora do mundo.

Toda religião que possui o poder temporal tem-se mostrado dominadora e intolerante, além de possuir uma tremenda pobreza espiritual, e encontrar-se destituída do amor a Deus e ao próximo. As religiões dominadoras, para suprirem a sua ausência de espiritualidade, sempre procuram forçar a consciência dos homens com desmedida violência. As armas da coação tem sido as mais diversas possíveis, porém nunca as espirituais. Com isso a Igreja fracassa vergonhosamente em sua missão espiritual, pois não consegue convencer ninguém e nem atingir a espiritualidade do homem, o qual a aceita por simples formalidade, ou por medo de repreensões físicas e materiais que estaria sujeito se viesse pensar de forma diferente.

8.2. Desenvolvimento do Gênio

Galileu Galilei nasceu na cidade de Pisa, na Itália, no dia 15 de fevereiro de 1564, foi o primeiro dos sete filhos do casal Vincenzio Galilei (1520-1591) e de Giulia Ammannati de Pescia (1538-1620). Apesar dos antepassados de Galileu terem sido pessoas ilustres, quando ele nasceu seus pais estavam numa situação financeira bastante precária. Em 1574, a família se mudou para Florença, onde Vincenzio se estabeleceu como comerciante de lã. Entretanto, os recursos da família de Galileu sempre foram modestos e os negócios do pai nunca tiveram grande sucesso. Vincenzio possuía vários prazeres, gostava de livros, ciência e de música. Tinha uma cultura vasta e bastante viva e rica com múltiplos interesses: foi, de fato, não apenas um excelente alaudista, mas também um teórico da estética musical, além de bom conhecedor das línguas clássicas e até mesmo da matemática. Escreveu uma obra intitulada *Diálogo sobre a Música Moderna e Antiga*. Com a sua música Vincenzio se esquecia de sua condição econômica que não lhe eram nada favorável, e também se acalmava do gênio insuportável de sua esposa iracunda. De seus pais Galileu herdou o caráter forte da mãe e a inteligência de seu pai, bem como uma certa habilidade pela matemática.

Com treze anos de idade Galileu foi matriculado no colégio do mosteiro beneditino de Vallombrosa para aprender línguas clássicas, e lógica. Entusiasmado com as atividades espirituais do mosteiro Galileu acabou por entrar na ordem religiosa como noviço. Todavia, seu pai não se agradou nenhum pouco dessa decisão e imediatamente retirou o filho do mosteiro levando-o de volta para casa, forçando-o abandonar a idéia de se tornar monge.

Em setembro de 1581 ele foi matriculado na Universidade de Pisa como aluno de medicina. Naquela época os médicos tinham um *status* social e uma excelente remuneração, com isso eles levavam uma vida bastante confortável, além de possuírem grande prestígio social. Contudo, Galileu nunca mostrou nenhum interesse mais sério por medicina, mesmo porque tinha escolhido a curso de medicina para agradar ao pai. Após quatro anos de enfadonho estudo, para desgosto do pai, Galileu desistiu de continuar com o curso e retornou para a casa paterna em Florença em 1585. Nessa época Galileu estava vinte e um anos de idade, e nunca veio concluir o curso de medicina. Sabe-se que, simultaneamente ao curso de medicina, Galileu vinha de forma secreta estudando matemática, com a qual se apaixonou ardentemente.

Quanto tinha apenas 19 anos de idade, e ainda estudante de medicina, Galileu realizou a sua primeira descoberta científica em mecânica. Era referente à lei do isocronismo das oscilações pendulares. Diz a lenda que certo dia Galileu estava assistindo a um culto religioso na catedral de Pisa. E, num momento de distração, ele passou a reparar nas oscilações do candelabro que pendia do teto da catedral. Por curiosidade, mediu o tempo de duração das oscilações, usando como "relógio" as batidas de seu próprio pulso. Foi então que notou um fato surpreendente, observou que as oscilações eram extremamente regulares, independentemente da amplitude da oscilação. Posteriormente realizou algumas experiências e concluiu que o tempo gasto em uma oscilação depende do comprimento do cabo de sustentação do pêndulo, e não da amplitude da oscilação. Esta simples observação constituiu-se no mais importante passo para a invenção do relógio de pêndulo, que seria mais preciso do que qualquer outro inventado até então.

Logo depois de abandonar o curso de medicina, Galilei decidiu-se definitivamente pelo trabalho na matemática. Imediatamente começou a se dedicar à pesquisa da matemática, apresentado demonstrações e estudos sobre geometria e, além de dar aulas particulares nessa disciplina, também realizou algumas palestras sobre o assunto. Em 1586 inventou uma balança hidrostática que servia para examinar qualquer corpo a partir do seu peso específico. Esse estudo veio a mostrar que Galileu já dominava com certa profundidade as descobertas e invenções realizadas pelo sábio grego Arquimedes de Siracusa. Galileu também desenvolveu um método para determinar o centro de gravidade dos corpos sólidos.

8.3. Professor na Universidade de Pisa

Suas intensas atividades no campo da matemática acabaram chamando a atenção de vários matemáticos conceituados, que ficaram extremamente impressionados com a inteligência e talento matemático de Galileu. Finalmente, em 1589, Galileu aos vinte e cinco anos de idade, consegue um posto como professor de matemática na Universidade de Pisa, onde permanece por apenas três anos. Como professor, Galileu não estava satisfeito, sua remuneração era muito baixa e o ambiente intelectual da Universidade não oferecida o mínimo espaço para expressão de livre pensamento. Além do mais, a maioria dos professores não apreciavam o modo como Galileu trabalhava ao empregar de forma didática a experiência na demonstração de problemas. Para eles o artesanato experimental era algo grotesco, algo próprio das classes inferiores e iletradas quando comparado com a sublimidade do mundo ideal do raciocínio lógico das idéias filosóficas.

Em 1591, o pai de Galileu faleceu com a idade de setenta anos. E, como filho mais velho e mais bem sucedido, Galileu tornou-se responsável pelo sustento financeiro dos membros de sua família. Entretanto, o salário que recebia como professor de matemática na Universidade de Pisa era muito baixo e certamente não daria para suprir as necessidades de sua família.

8.4. Professor na Universidade de Pádua

Em 1592, com a ajuda de amigos, Galileu consegue por intermédio da intervenção do Marquês Guido Baldo del Monte a cátedra de matemática da Universidade de Pádua, passando a desfrutar uma melhor posição e também uma boa remuneração.

Além disso, o ambiente intelectual de Pádua não era tão castro como o de Pisa. Havia um maior espaço para a liberdade de expressão intelectual, o que para Galileu foi um grande estímulo.

Galileu permaneceu na Universidade de Pádua durante dezoito anos. Mais tarde ele se recordaria desses anos como os mais significativos e mirabolantes de sua vida. Foi durante esse período que conquistou sua grande reputação intelectual, conheceu a mãe dos seus três filhos, desenvolveu a maior parte das suas pesquisas científicas, deu seqüência aos seus estudos particulares sobre as propriedades do movimento, inventou uma bússola militar, prestou consultoria em construção naval. Fez grandes amizades importantes entre os expoentes intelectuais, religiosos e políticos da república de veneziana.

Em Pádua Galileu adquiriu sua residência localizada no "Borgo dei Vignali", a qual foi renomeada para Via Galileu Galilei. E para sustentar a família, Galileu viu-se obrigado a dar aulas particulares de matemática e alugar os cômodos de sua casa para seus alunos particulares. Também abriu uma oficina mecânica e contratou um artesão para produzir e vender instrumentos de precisão científica, como compassos, bússola etc.

8.5. Mulher e Filhos de Galileu

O motivo de felicidade para Galileu e de desespero para sua idosa mãe foi o relacionamento amoroso que ele teve com uma veneziana chamada Marina Gamba. Nos fins de semana Galileu ia de barca para se encontrar com a moça. E quando ela engravidou, ele a trouxe para Pádua, instalando-a numa pequena casa no Ponto Corvo, enquanto que ele continuou residindo em sua própria residência. O casal sempre viveu em casas separadas. Galileu nunca teve maiores interesses em levar Marina para morar com ele, mesmo porque a distância que os separava era de apenas cinco minutos a pé. Durante doze anos Marina compartilhou a vida privada de Galileu e lhe deu três filhos ilegítimos, Virgínia (13/08/1600); Lívia Antonia (27/08/1601) e Vincenzio

Andrea (22/08/1606), os quais Galileu reconheceu como seus filhos e herdeiros, apesar de nunca ter desejado se casar com Marina.

Depois que o relacionamento do casal esfriou, Marina veio a conhecer Giovanni Bartoluzzi, com quem se casou em 1610. Bartoluzzi era responsável e pertencia à mesma classe social de Marina. Galileu que queria ver o bem estar de Marina não só aprovou a união como também ajudou Bartoluzzi a arranjar um emprego compatível com suas aptidões. Em fevereiro de 1619, Marina Gamba veio a falecer.

8.6. A Invenção do Telescópio

Em 1609, Galileu ouvira falar sobre uma invenção holandesa chamada luneta ou óculos de alcance, que fazia os objetos distantes parecerem mais perto do que apareciam a olho nu. Conta-se que um aprendiz que trabalhava numa fabrica de óculos descobriu acidentalmente a luneta. Ele simplesmente colocou duas lentes separadas a uma distância de aproximadamente trinta centímetros. Isso fazia parecer que objetos olhados por essas lentes ficassem bem mais próximos.

Galileu teve acesso somente a uma breve descrição dos óculos de alcance, mas apesar disso, rapidamente conseguiu reproduzir a invenção holandesa. Consta que ele próprio lapidou e poliu as lentes, calculou o formado ideal do aparelho e a posição que cada lente deveria ocupar. Na época sua luneta era muito mais aprimorada do que qualquer outra até então construída.

Entusiasmado Galileu viajou para Veneza e demonstrou ao senado as maravilhas que o seu invento era capaz de realizar. Evidentemente Galileu poderia ser-se apresentado como inventor, uma vez que veio a aperfeiçoar a luneta tornando um instrumento muito mais prático e poderoso para observações a longa distância. E, devido as inovações introduzidas na luneta, poderia livremente comercializar o produto de sua criação aperfeiçoado. Como recompensa pelos seus esforços e pelo instrumento, que foi chamado de telescópio, o senado veneziano resolveu tornar vitalício o contrato de Galileu com a Universidade de Pádua e aumentou substancialmente o seu salário, bem mais do que o quíntuplo de seus vencimentos iniciais.

8.7. As Observações Com o Telescópio

Quase que de imediato, Galileu teve a brilhante idéia de colocar o seu telescópio no topo do edifício mais alto de Veneza, e quando direcionou a sua capacidade de observação para o céu, fez uma série de descobertas que se tornaram fundamental no estudo da astronomia e que vieram a subverter a filosofia aristotélica dominante.

Ao apontar o seu telescópio para a Lua, Galileu descobriu que o satélite da Terra não era uma esfera lisa e perfeita como supunha a teoria de Aristóteles, mas na realidade possuía vários tipos de irregularidade, tais como cratera e altas montanhas, muitas da quais semelhantes àquelas observadas na Terra.

A seguir Galileu apontou o seu telescópio para a Via Láctea e constatou que ela era constituída por uma enorme quantidade de estrelas dispersas, as quais até então nunca tinham sido observadas pelos olhos humanos. Essa observação veio a contrariar o que se pensava na época sobre a constituição da Via Láctea, a qual era considerada como um corpo leitoso e turvo. Verdade é que tais estrelas estavam tão distantes, que o olho desvestido do telescópio as agrupava como nebulosas.

Depois Galileu passou a examinar os planetas e descobriu quatro luas girando em torno de Júpiter. Essa observação transmitiu a Galileu a impressão de um sistema copernicano em miniatura. Para ele essa descoberta se tornou uma forte evidência favorável à possibilidade dos corpos celestes estar girando em torno de outro astro que não a Terra.

Em 12 de março de 1610, apenas poucos meses decorridos da construção do telescópio, Galileu publicou suas observações celestes, num pequeno livro intitulado *Mensageiro Sideral*

(Siderum nuncius), que fez um estrondoso sucesso e tornou Galileu uma figura universalmente famosa de um dia para o outro.

8.8. Na Corte de Cosimo de Medici

Galileu enviou uma cópia de *O mensageiro sideral* juntamente com um de seus melhores telescópios ao príncipe Cosimo de Medici, Grão Duque da Toscana. Em julho de 1610, Cosimo expressou seu agradecimento a Galileu nomeando-o "Matemático-Mor da Universidade de Pisa e Filósofo e Matemático do Grão-Duque".

Procurando ajeitar o seu futuro, Galileu negociou o seu salário e conseguiu que lhe fosse pago a mesma quantia que iria receber na Universidade de Pádua. Também conseguiu ser dispensado das obrigações de residência e de assiduidade. Depois de dezoito anos vivendo em Pádua, Galileu mudou-se para Arcetri, perto de Florença, a fim de assumir suas novas funções na corte de Cosimo de Medici. Levou consigo as suas duas filhas, que estavam com dez e nove anos de idade, mas deixou o pequeno Vincenzio para viver mais um pouco em Pádua com Marina, visto que a criança tinha apenas quatro anos de idade.

Agora Galileu se sentia totalmente livre para se dedicar, pelo resto de seus dias, às suas tão queridas pesquisas. Porém, isso foi o começo de seus problemas com as autoridades eclesiásticas.

Instalado em sua nova sede e Arcetri, Galileu resolveu dar continuidade às suas observações astronômicas. Mirando o seu telescópio para o Sol, veio a descobrir a existência das manchas solares. Notou que tais manchas giravam ou se deslocavam na superfície do Sol. Com base nessa observação acabou por inferir por analogia que, da mesma forma, a Terra deveria girar em torno de si mesma com um movimento diário.

Apontando o telescópio para o planeta Vênus, Galileu pode constatar que ele apresentava fases exatamente como as da Lua. Essa observação contrariava frontalmente a tese defendida por Cláudio Ptolomeu do sistema geocêntrico, no qual o planeta Vênus jamais poderia apresentar fases iguais às da Lua. Ocorre que a teoria rival defendida por Nicolau Copérnico mostrava que o planeta Vênus deveria apresentar todas suas fases semelhantes às da Lua. Com essa observação em mãos, Galileu a transformou numa forte evidência a favor da Teoria de Nicolau Copérnico.

A partir dessa época, Galileu passou a defender com vigor a tese de que o sistema heliocêntrico estava correto, em perfeita conformidade com os fatos observados. Copérnico havia ensinado que a Terra não estava no centro do Universo, mas que além de apresentar um movimento de rotação, também girava em torno do Sol juntamente com os demais planetas, num movimento de translação. Porém as idéias defendidas por Galileu encontraram forte oposição pelos intelectuais da época, que consideravam como válido o sistema geocêntrico defendido Ptolomeu, que advogava a tese de que a Terra estava localizada no centro do Universo e permanecia imóvel, com o Sol, a Lua e as estrelas girando em torno dela.

Em 1613, Galileu publicou suas novas descobertas astronômicas num livro intitulado *Cartas sobre as manchas solares*. Suas observações telescópicas o levaram a criticar a idéia aristotélica de que o Sol era um corpo composto por um único elemento chamado éter, e pela primeira vez defendia publicamente a teoria heliocêntrica de Nicolau Copérnico. Segundo Galileu a teoria copernicana era a única que se adaptava perfeitamente aos fatos que ele havia observado pelo telescópio.

8.9. Início dos Aborrecimentos

A ardorosa defesa que Galileu fez da teoria de Copérnico causou um verdadeiro reboliço em diferentes alas da sociedade. Os filósofos aristotélicos ficaram seriamente alarmados, pois viam nas idéias de Galileu a destruição da perfeição do céu. Os teólogos criticaram violentamente as conclusões de Galileu porque anteviam a negação de textos bíblicos. Tudo isso fez com que se levantasse uma forte oposição a Galileu de importantes seguimentos da Igreja Católica.

Foi então que em 25 de fevereiro de 1616 o papa Paulo V ordenou que o Cardeal Bellarmino convocasse Galileu e o exortasse a abandonar a opinião copernicana. E, caso Galileu se recusasse a obedecer, deveria ser-lhe enunciado uma injunção a fim de se abster totalmente de ensinar, defender ou discutir tal doutrina. E se ainda assim Galileu não aquiescesse deveria ser detido.

Na manhã do dia 26 de fevereiro de 1616, em atendimento à convocação, Galileu se apresentou no palácio e residência do Cardeal Bellarmino. Na presença do cardeal e de outras testemunhas, Galileu recebeu uma injunção privada que o repreendia e o admoestava a abandonar a tese de que o Sol é o centro do universo e de que a Terra se move em torno de si e em torno do Sol. Galileu também foi terminantemente proibido de adotar, ensinar, defender e divulgar por qualquer meio a hipótese copernicana sobre o sistema heliocêntrico, caso contrário, o Santo Ofício tomaria providências cabíveis contra ele.

Com a perspicácia que lhe era peculiar, o Cardeal Bellarmino, havia observado que as provas apresentadas por Galileu em favor do sistema heliocêntrico consistiam apenas em analogias indicando que a Terra *poderia* estar girando em torno do Sol, mas que de maneira alguma *provavam* que a mesma realmente estava em movimento.

No dia 05 de março de 1616 a congregação de livros proibidos, o *Índex librorum prohibitorum*, mantido pela Inquisição, resolveu suspender temporariamente o livro de Copérnico até que fossem feitas algumas correções.

Em 26 de maio de 1616, pouco antes de retornar para Florença, Galileu, com muita perspicácia, conseguiu do Cardeal Bellarmino um desagravo. Consistia num bilhete de doze linhas manuscritas indicando que a opinião de Copérnico contradizia as Sagradas Escrituras e que, se tomada em absoluto, não podia ser adotada ou defendida, mas que podia ser tomada e usada hipoteticamente.

Galileu pacientemente submeteu-se à injunção imposta pelas autoridades eclesiásticas. Durante sete anos ele foi extremamente cauteloso e se manteve no mais absoluto silêncio com relação a tão delicadas e perigosas questões. Nesses anos, Galileu direcionou sua curiosidade natural e esforços criativos para pesquisas menos explosivas. Desenvolveu um método para cálculo de longitude por meio da observação dos satélites de Júpiter, estudou poesia, escreveu vários textos de crítica literária e modificou o seu telescópio, transformando-o num microscópio composto.

8.10. Diálogo sobre os dois maiores sistemas do universo

No verão de 1623, Maffeo Barberini, grande admirador de Galileu, subiu ao trono papal, como Urbano VIII. O novo sumo pontífice trouxe à Santa Sé um intelectualismo e um interesse pela pesquisa científica que seus predecessores imediatos não aprovariam. Galileu que conhecia pessoalmente Urbano sentiu-se mais seguro e suficientemente encorajado para solicitar uma autorização para discutir as teses de Ptolomeu e de Copérnico, bem como levar a cabo uma dissertação popular que vinha planejando a muito tempo. Essa dissertação trataria das duas teorias rivais da cosmologia: o sistema heliocêntrico e o geocêntrico; ou, nas próprias palavras de Galileu: "os dois principais sistemas do mundo". A solicitação de Galileu foi prontamente atendida, mas desde que a opinião copernicana não fosse tomada em absoluto, mas tratada hipoteticamente.

Ao solicitar tal autorização, Galilei nada disse sobre a injunção privada que havia recebido em 1616. E, nos anos seguintes, em Florença, dedicou as suas energias na redação do seu livro, dele se ocupando de forma esporádica durante um período de seis ou oito anos. Em 1632, ainda no papado de Urbano VIII, Galileu publicou o seu mais famoso livro que recebeu o título de *Diálogo sobre os dois maiores sistemas do universo*. Um calhamaço que continha aproximadamente 500 páginas com os resultados de suas pesquisas e reflexões. Nessa obra Galileu procurou confrontar os sistemas geocêntrico e heliocêntrico, favorecendo abertamente a tese copernicana, em vez de tratá-la como simples hipótese, como lhe fora ordenado.

Numa carta endereçada ao seu amigo Elia Diodati, Galileu conta as peripécias que fez para obter o *imprimatur*:

Fui em pessoa a Roma e submeti o manuscrito ao questor do Sacro Palácio, que examinou cuidadosamente, alterando, adicionando e omitindo, e, mesmo depois de ter concedido, o "imprimatur", ele ordenou que a obra fosse novamente examinada em Florença. Aqui, o revisor, não achando nada mais para alterar e para mostrar que lera atentamente o livro, contentou-se com substituir algumas palavras por outras, como, por exemplo, em vários passagens, "Universo" em vez de "Natureza", "qualidade" em vez de "atributo", "sublime espírito" em vez de "divino espírito".[2]

Quando o livro foi distribuído nas lojas, transformou-se imediatamente num enorme sucesso de vendas. Em Florença o sucesso foi ainda maior, era vendido assim que chegava nas lojas. Galileu havia recebido do editor alguns exemplares, que veio a distribuir para os seus amigos e admiradores, muitos dos quais moravam em diferentes localidades. Um colega matemático comentaria: *Quando começo a ler, não consigo largar.*[3]

8.11. Diante da Inquisição

Apesar do *imprimatur oficial*, as autoridades eclesiásticas se escandalizaram com o livro e reagiram rapidamente. O papa Urbano VIII reuniu uma comissão formada por três pessoas altamente capazes para examinarem o texto do *Diálogo*. Poucos dias depois a comissão apresentou um relatório minucioso demonstrando que Galileu fizera uma defesa descarada e entusiasta de Copérnico e que havia ludibriado o papa, ignorando deliberadamente as suas instruções de não considerar a hipótese copernicana do movimento da Terra e a imobilidade do Sol de forma absoluta, mas tratá-la como simples hipótese.

Decorridos apenas seis meses após a publicação do livro, o inquisidor de Florença recebeu uma ordem oficial determinando que o *Diálogo* não poderia mais ser vendido e que o seu autor deveria ser intimado a comparecer pessoalmente em Roma e se apresentar no Palácio do Santo Ofício da Inquisição.

No dia 12 de abril de 1633, Galileu atendendo à intimação que recebera se apresentou ao comissário-geral do Santo Ofício da Inquisição. Em audiência foi longamente interrogado. Quase que imediatamente foi acusado de ter violado a proibição de 1616 e acabou ficando preso por um período de quatro meses. Durante todo aquele período de tempo em que esteve preso passou por longos e intermináveis interrogatórios, sofreu várias humilhações e ameaças de torturas. Finalmente, estando moralmente abatido e para permanecer com vida, sentiu-se constrangido a se retratar e a se submeter às imposições da Inquisição.

Conta a lenda que Galileu, ao se levantar dos joelhos, após pronunciar a abjuração, murmurou com uma ponta de raiva por entre os dentes a seguinte frase: *Eppur si muove* (E, no entanto, se move). Lenda ou verdade, tal frase reflete exatamente o que se encontrava em seu espírito arrojado e outrora destemido, mas que agora se via obrigado a submeter-se à vontade das autoridades religiosas de seu país.

Após ter se retratado publicamente, negando suas mais profundas e caras convicções científicas sobre o movimento Terra em torno do Sol, o Tribunal da Inquisição se deu por satisfeito e Galileu acabou recebendo uma sentença relativamente leve, para aqueles tempos de intolerância.

Entre as várias penas que resultou de sua condenação, deveria recitar os sete salmos penitenciais uma vez por semana durante um período de três anos. E, embora tenha sido condenado à prisão perpétua, o embaixador Francesco Niccolini conseguiu com que a sua prisão fosse comutada para prisão domiciliar pelo resto de sua vida, a qual deveria ser cumprida em sua residência localizada em Arcetri.

O seu livro *Diálogo*, que tinha sido o objeto central do julgamento, foi proibido de circular e incluído no *Índex de Livros Proibidos*. E permaneceu oficialmente da lista do *Índex* até 1822, quando então foi retirado. Apesar da proibição, cópias do livro foram contrabandeadas para vários países da Europa, vindo a serem traduzidas para o latim e amplamente discutidas pelos estudiosos protestantes.

8.12. Decadência

Imediatamente após o julgamento e por um pequeno período de tempo, Galileu ficou mentalmente perturbado. Aquele homem que outrora era nervoso, vigoroso, arrogante, destemido e combativo, agora não passava de um ancião doente e alquebrado pelo peso de seus setenta anos de idade. Ele havia ficado tão traumatizado pelas humilhações suportadas, pelas ameaças sofridas e pela incerteza quanto ao seu futuro, que ficou muitas noites sem conseguir dormir. Seus amigos escreveram cartas contando que o ouviram gritar, balbuciar palavras sem nenhum nexo e perambular sem nenhuma noção pelos corredores.

Galileu tinha um grande amigo chamado Ascanio Piccolomini, arcebispo de Siena, que resolveu empregar todos os esforços possíveis e inimagináveis, para fazer com que Galileu recuperasse a sua saúde mental. Desse modo, com o passar dos dias, pouco a pouco, Galileu começou a melhorar de saúde e de aspecto ao empenhar o espírito na solução de problemas de Engenharia trazido por Piccolomini.

Como foi dito, a saúde física de Galileu nessa época não era das melhores. Encontrava-se enfermo, com uma série de males: debilidade geral da velhice, vertigens freqüentes, melancolia hipocondríaca, fraqueza do estômago, dores por todo o corpo, hérnia grave com ruptura do peritônio e estava ficando cego, além de sofrer problemas cardíacos. Em 1634 Galileu sofreu um outro grande golpe, morreu-lhe a sua muita amada e querida filha Virgínia, que era a Sóror Maria Celeste. Isto o debilitou ainda mais.

Tecnicamente, Galileu não poderia receber visitas em sua prisão domiciliar. Apesar disso, as autoridades não foram rigorosas quanto a esse ponto e Galileu acabou recebendo a visita de muitos amigos e admiradores. Entre os estrangeiros ilustres que vieram visitá-lo se destacam o poeta inglês John Milton e o filósofo Thomas Hobbes. Igualmente esteve, constantemente, cercado por seus mais dedicados discípulos Viviani, Cavalieri, Torricelli e mais tarde pela presença do seu filho caçula, Vincenzio.

Como foi terminantemente proibido de discutir a teoria copernicana, Galileu voltou a sua criatividade para a redação de um outro livro, o qual veio a se tornar muito mais importante para o desenvolvimento da moderna ciência do que o Diálogo jamais o foi. Esse último livro de Galileu que recebeu o título de *Diálogos sobre as duas novas ciências* foi publicado fora das fronteiras da Itália, em Leyden no ano de 1638. Ele apresenta os primeiros princípios da moderna física experimental, faz uma análise dos corpos flutuantes e apresenta algumas noções científicas de acústica. Era o resultado de todo o seu trabalho anterior sobre mecânica. Síntese de uma vida dedicado à pesquisa científica.

A esta altura de sua vida, Galileu havia ficado completamente cego. Porém, mesmo assim encontrou forças suficientes para continuar trabalhando por mais quatro anos, ditando aos seus discípulos as suas últimas reflexões sobre o movimento.

Galileu faleceu ao lado dos discípulos Torricelli, Viviani e de seu filho Vincenzio, com a avançada idade de setenta e sete anos, todos bem vividos e produtivos. Sua morte ocorrida em 08 de janeiro de 1642 coincide com o ano de nascimento do maior físico que já pisou a superfície do planeta Terra: Isaac Newton.

CAPÍTULO IX

ISAAC NEWTON

9.1. Introdução

No continente europeu a Teoria da Gravitação Universal proposta pelo físico inglês Isaac Newton (1642-1727) encontrou uma enorme resistência por parte dos grandes intelectuais da época. Essa forte oposição ocorreu devido a dois fatores básicos: Em primeiro lugar porque acreditavam que Newton havia reintroduzido na filosofia natural as *qualidades ocultas,* da filosofia escolástica, por não ter explicado suficientemente como duas massas podem se atrair à distância sem intervenção de algum mecanismo e, em segundo lugar porque a astronomia mecanicista cartesiana dos turbilhões interplanetários, criado pelo físico, matemático e filósofo francês René Descartes (1596-1650), prevalecia firmemente na mente e no coração dos maiores homens de ciência da época, tais como: Nicolas Malebranche (1638-1715), Christiaan Huygens (1629-1695), Gottfried Wilhelm Leibniz (1646-1716), Jean Bernoulli (1667-1748) e tantas outras figuras famosas.

A teoria dos turbilhões ensinava que os corpos celestes movimentavam-se arrastados por um suposto turbilhão, enquanto que a teoria da gravitação defendia a tese de uma força atrativa entre os corpos celestes. Entretanto, havia uma forma de provar qual das duas teorias estava correta: se a teoria de Descartes estava certa, a Terra deveria ser alongada no sentido do seu eixo; porém, se a teoria de Newton estava certa, ela deveria ser achatada nos pólos e alongada no equador.

Para resolver definitivamente a questão, um grupo de cientistas franceses, sob a liderança do cientista Pierre Louis Moreau de Maupertuis (1698-1759) da *Académie des Sciences de Paris*, deram a palavra final sobre o assunto. Em 1736 realizaram uma expedição a Lapônia com o objetivo de medir a curvatura do arco de meridiano sob o pólo. Lá efetuaram cuidadosa medição do arco do meridiano compreendido entre Tornea e Kittis, obtendo o resultado exigido pela teoria newtoniana. A experiência veio mostrar-se fundamental na destruição do prestígio do paradigma cartesiano dos turbilhões, e também se mostrou muito importante na abertura ideológica do iluminismo no continente europeu.

Os cientistas franceses haviam verificado que o arco de meridiano medido entre Tornea e Kittis era mais longo em 500 toesas do que o meridiano compreendido entre Paris e Amiens. Embora esse valor tenha sido corrigido posteriormente, os resultados de Maupertuis demonstraram claramente que a terra era achatada nos pólos, o que vinha a comprovar a veracidade da teoria da Gravitação Universal formulada por Newton em 1678.

9.2. Nascimento e Educação

Em 1642 veio faleceu na Itália, com a idade de setenta e sete anos, o aguerrido cientista italiano Galileu Galilei (1564-1642) e, como se fosse uma obra da providência, no mesmo ano, nasceu Isaac Newton, na aldeia de Woolsthorpe, na Inglaterra. A sua constituição física era tão frágil e delicada que as parteiras supuseram que não sobreviria mais do que algumas poucas horas, porém aquela criança prematura que, segundo a sua mãe, "poderia ser colocado num vaso de um litro", sobreviveu às dificuldades da infância, vindo a falecer com a avançada idade de oitenta e cinco anos.

Quanto tinha dezoito anos de idade Newton ingressou na Universidade de Cambridge, onde se graduou em 1665 e doutorou-se em 1668 e, no ano seguinte, com apenas vinte e seis anos, tornou-se catedrático na referida instituição, ocupando a cadeira de professor lucasiano de Matemática. Em 1689 foi eleito membro do Parlamento representando a Universidade de Cambridge. A partir de 1695 Newton passou a dirigir a Casa da Moeda, ocupação que exerceu até ao fim de sua longa vida e, em 1703, foi eleito presidente da *Royal Society*, cargo que também exerceu até a data de sua morte.

Considerando a época em que Newton viveu, quando boa parte da população era analfabeta, e as poucas que eram instruídas acreditavam em feitiçaria e praticavam a astrologia. Se for lembrado que nesse período milhares de pessoas foram torturadas e executadas sob a suspeita de prática de feitiçaria. Se for considerado que nessa época a Inquisição levava para fogueira quem tivessem idéias religiosas diferentes da Igreja Católica. E se for levada em consideração a forma primitiva de ciência que até então existia na maior parte do continente europeu, onde a Mecânica dava os seus primeiros passos, a Química e a Medicina estavam baseadas mais na magia do que em fatos científicos, então se pode constatar e afirmar categoricamente que Isaac Newton é verdadeiramente o maior cientista que já existiu sobre a face do planeta Terra. Partindo das trevas, ele acendeu uma luz que jamais se apagaria nas gerações seguintes. O célebre físico Albert Einstein (1879-1955) disse de Newton: *Ninguém antes de Newton ou mesmo depois abriu verdadeiramente caminhos novos para o pensamento, para a pesquisa, para a formação prática dos homens do Ocidente.* [1]

9.3. Descobertas Científicas

O genial cientista inglês descobriu e desenvolveu vários ramos fundamentais da Física Clássica e da Matemática, foi um dos criadores da Ótica Física, da Dinâmica, do Cálculo Diferencial e Integral, criou o Teorema do Binômio de Newton, fundou a Teoria da Gravitação Universal e também foi o inventor do telescópio de reflexão, o qual veio a superar as limitações impostas pelos telescópios de refração.

As descobertas de Isaac Newton, que resultaram em sua reputação universal, revolucionaram inteiramente toda a filosofia da ciência, comprovando definitivamente que os conceitos fundamentais da Física não podem ser derivados puramente de raciocínios filosóficos, como acreditavam os filósofos aristotélicos. Conforme Newton, as realizações máximas da Teoria da Gravitação Universal consistiu em deduzir a partir de poucos princípios os pormenores dos fenômenos do movimento dos planetas, da lua e de suas perturbações, cálculo da trajetória dos cometas, explicação dos detalhes da precessão dos equinócios, mutação do eixo da terra, o fluxo e o refluxo das marés, a forma da terra e muitos outros fenômenos, tudo isso expresso e fundamentado dentro de um sistema de extrema coerência lógica.

9.4. Principia

Sua obra máxima, que trata dos seus estudos e pesquisas em mecânica e gravitação, foi publicada em 1687, e intitula-se *Princípios Matemáticos da Filosofia Natural*, a qual unifica as leis da mecânica descoberta por Galileu com as leis astronômicas descobertas por Kepler. Essa sistematização e generalização gira em torno das três leis fundamentais do movimento e da lei da gravitação universal, que podem ser enunciadas do seguinte modo:

Lei I - *Qualquer corpo permanece em seu estado de repouso ou de movimento uniforme em linha reta, a menos que seja obrigado a alterar o seu estado por forças impressas nele.*

Lei II - *A mudança do movimento é proporcional à força motriz impressa sobre o corpo, e se faz segundo a linha reta pela qual é impressa essa força.*

Lei III - *A uma ação sempre corresponde uma reação de mesma intensidade, porém em sentidos opostos.*

Lei IV - *A força de atração gravitacional é proporcional ao produto entre as massas que se atraem e inversamente proporcional ao quadrado das distâncias que as separam.*

As extraordinárias concepções provenientes da física newtoniana conduziram de igual forma a modificações fundamentais da metafísica, principalmente na metodologia e na concepção da Filosofia da Natureza, influenciando essencialmente as noções de espaço e de tempo, bem como as de massa e as de força, relacionando de modo tão maravilhoso fenômenos que ocorrem à distância com a força da gravidade e o movimento, por meio de uma lei fundamental que caracteriza a gravitação universal.

Ao enunciar as três leis do movimento e a lei da gravitação universal, Newton abriu as portas para a concepção de que tanto os fenômenos celestes como os terrestres obedecem as mesmas leis físicas, destruindo a antiga e arraigada concepção medieval dos filósofos aristotélicos, os quais faziam distinção entre as coisas celestes e as coisas terrestres. Newton demonstrou em sua obra que as mesmas causas produzem os mesmos efeitos, tanto faz que seja no céu ou na terra.

E além do mais, ao unir o método matemático e experimental como nenhum outro cientista fez antes dele, Newton abriu as portas do conhecimento e apontou o caminho para o desenvolvimento de toda e qualquer ciência da Natureza.

9.5. Óptica

Em um outro livro de extraordinário valor que recebeu o título de *Óptica*, publicado em 1704, Newton apresentou ao mundo as suas fantásticas descobertas sobre a natureza da luz. Nessa obra ele expõe suas experiências sobre reflexão, refração, dispersão e decomposição da luz no prisma, apresenta a sua teoria corpuscular da luz, bem como a teoria do arco-íris, discorre sobre os telescópios catóptricos, sobre a cor dos corpos, sobre os fenômenos das lâminas finas, sobre os anéis de interferência, sobre os fenômenos de interferência e periodicidade, faz analogia entre a cor dos corpos e a irisação das lâminas finas e das bolhas de sabão. Sua obra também trata das franjas de interferência e das inflexões que sofrem os raios luminosos quando passam rente aos ângulos. Verdadeiramente, a *Óptica* exerceu uma tremenda influência no desenvolvimento ulterior da ciência experimental.

Como estrela de primeira grandeza da Física, Newton foi um filósofo natural completo. Ele era dotado de uma profunda intuição, possuía uma extraordinária capacidade de generalização e uma mente computadorizada. Sua obra reflete, à semelhança de uma visão profética, uma nova era que deu origem ao chamado século das luzes, porém sempre equilibrada pelo senso da exatidão dos grandes matemáticos. A sua capacidade de definir novos conceitos e de demonstrá-los atinge o limiar do sublime, refletindo a iluminação que acompanham os grandes gênios da humanidade. E, apesar de sua grande capacidade intelectual e racional, Newton era dominado por um forte senso místico, o qual encontrou expressão na alquimia e na teologia.

9.6. Alquimia

Com objetivos que ninguém conhece, a não ser fazendo suposições, Newton aproximou-se ardentemente da alquimia, com a qual esteve envolvido durante quase vinte e cinco anos. Vasculhou, como ninguém antes ou depois dele, tudo o que existia sobre o assunto. Leu e tomou notas de seções inteiras de livros de alquimia, passou semanas seguidas no laboratório, com o forno continuamente aceso, fazendo experiências em alquimia com propósitos totalmente desconhecidos, além de escrever vários artigos sobre o assunto. Sua obra mais completa e avançada nesse campo consiste em um curioso livro intitulado "Praxis". Bem recentemente foi observada uma certa afinidade entre a visão de Newton sobre as forças e as experiências em alquimia que realizou secretamente em seu laboratório.

9.7. Teologia

Outro tema central que dominou a atenção de Newton, até o fim de sua longa vida, foi a teologia. Ele pesquisou e leu exaustivamente sobre esse assunto. Consultou toda a literatura dos primeiros teólogos da Igreja e tomou uma infinidade de notas. Escreveu vários artigos e livros estritamente sobre assuntos religiosos. Alguns deles refletem sua visão sobre a interpretação da doutrina teológica da divindade de Jesus Cristo; outros tratam da interpretação dos livros proféticos da Bíblia, tais como o livro do profeta Daniel e o livro do Apocalipse; e, ainda, outros procuram esclarecer a história da religião pagã e da Igreja. Seu livro mais conhecido sobre assuntos religiosos intitula-se *Observações sobre as Profecias de Daniel e do Apocalipse de São João*, que foi publicado postumamente em 1733.

9.8. Reconhecimento

O fato mais incrível que ocorreu na vida de Newton, ainda muito mais extraordinário do que a sua inigualável capacidade intelectual como cientista, foi a explosiva e crescente admiração universal que as suas idéias despertaram depois da publicação de sua obra máxima, o que veio transformá-lo num mito do dia para a noite. Intelectuais de toda as partes que viajavam para a Inglaterra faziam questão de visitá-lo. Foi festejado por poetas, escritores, religiosos, filósofos, matemáticos, políticos e até mesmo por pessoas que não possuíam nenhuma capacidade para compreendê-lo. Um estudante de Cambridge expressou essa admiração ao proferir a sentença: "Ali vai um homem que escreveu um livro que nem mesmo ele compreende".

Realmente, ele foi o maior cientista que já existiu e o mais admirado do século XVII, o qual não encontrou rival à altura. Depois dele o mundo nunca mais foi o mesmo. É simplesmente espantoso e até inacreditável que um cientista que escreveu obras que poucas pessoas podiam compreender, tenha se tornado uma personalidade tão admirada! Talvez poder-se-ia comparar o impacto causado pelas idéias Newton no século XVII ao impacto provocado pelas idéias de Einstein no século XX, no campo da ciência.

Ao final de sua longa e laboriosa vida, Newton mostrou-se uma pessoa extremamente modesta. Ao refletir sobre o que pensava de suas monumentais descobertas, concluiu: *Não sei co-*

mo eu posso parecer ao mundo; a mim me parece que fui apenas um menino que brincava na praia e se divertia procurando uma pedrinha mais lisa e uma conchinha mais bonita do que as outras, enquanto o grande oceano da verdade se estendia à minha frente, inexplorado. [1]

CAPÍTULO X

NEWTON E A TEORIA DO ÍMPETO

10.1. Introdução

Na primavera de 1661, o brilhante e genial Isaac Newton matriculou-se no Trinity College da Universidade de Cambridge. Nessa universidade o currículo era baseado fundamentalmente no pensamento aristotélico. Ali se ensinava uma introdução à física aristotélica, bem como as noções básicas da teoria do ímpeto. Nessa universidade Newton sentiu a poderosa influência exercida pela filosofia aristotélica em sua vida acadêmica, a ponto de escrever o seguinte lema num livro em branco, que usou como caderno de notas: *Amicus Plato amicus Aristóteles magis amica veritas* - "Platão é meu amigo; Aristóteles é meu amigo; mas minha melhor amiga é a verdade". Esse lema revela que para o jovem Newton, a filosofia de Platão e de Aristóteles poderiam ser fontes básicas de ensino, todavia ele não as aceitaria cegamente, mas se guiaria unicamente pela verdade, a qual é a sua maior amiga e está acima de qualquer filósofo. Em outras palavras, ele não estava preso à autoridade intelectual de ninguém, mas seguiria apenas aquilo que entendesse ser o conhecimento verdadeiro. Esse fato indica que Newton havia alcançado sua independência intelectual; indica que ele pensava por conta própria em conformidade com os seus próprios métodos de inquirir a verdade. Esse lema também mostra que Newton acreditava possuir uma amizade íntima com a verdade, a ponto de poder consultá-la com facilidade quando bem dela necessitasse. Apesar disso, o aristotelismo medieval exerceu uma influência tão forte sobre Newton que veio a moldar parte do seu pensamento até mesmo em sua idade madura, conforme demonstram os seus escritos.

10.2. Primeira Versão de "De motu"

Vinte e três anos depois desse lema, quando contava quarenta e um anos de idade, Newton escreveu a primeira versão de um pequeno artigo científico de nove páginas intitulado por *De motu corporum in gyrum* - Do movimento dos corpos numa órbita. Esse artigo, escrito em 1684, mostra que Newton ainda estava tremendamente influenciado pelo conceito medieval da teoria do ímpeto. Prova disso é que apresentou uma curiosa definição sobre o movimento retilíneo e uniforme, que enunciou nos seguintes termos:

E (chamo) força de um corpo ou força intrínseca de um corpo àquilo que faz com que ele tenda a permanecer em seu movimento em linha reta. [1]

Ao procurar estabelecer uma causa para explicar a tendência dos corpos permanecerem em seu estado de movimento retilíneo, Newton concebeu a idéia de uma força intrínseca que operaria no corpo. Comparando a definição apresentada por Newton com os termos da teoria do ímpeto, pode-se verificar que esse conceito procura interpretar o ímpeto como constituindo a própria força intrínseca de um corpo, o que o faz com que ele mantenha a sua tendência de se movimentar em linha reta ao infinito.

E, ao apresentar uma hipótese sobre o assunto, ele decidiu por ampliar sua definição numa conceituação mais generalizada do movimento uniforme, que foi enunciada nos seguintes termos:

Por sua força intrínseca apenas, todo corpo segue uniformemente em linha reta para o infinito, a menos que algo extrínseco venha impedi-lo. [2]

Essa hipótese permite afirmar que Newton entendia que a força intrínseca era a causa exclusiva que mantinha o corpo em seu estado de movimento retilíneo e uniforme ao infinito, a menos que uma força externa ao corpo viesse a alterar tal situação. Novamente nota-se que a força intrínseca faz o papel do ímpeto mantendo qualquer corpo em sua situação de movimento em linha reta ao infinito.

10.3. A Terceira Versão de "De motu"

Numa terceira versão, bem mais elaborada do seu artigo original *De motu*, Newton demonstrou uma segurança e firmeza que anteriormente não havia apresentado. Suas hipóteses se transformaram em leis naturais absolutas. Para ele a questão do movimento já não se resumia uma mera especulação, mas tratava-se de uma realidade que exigia ser representada por uma lei universal. Nessa nova versão a primeira lei não sofreu nenhuma modificação, mas continuava afirmando que os corpos se deslocam uniformemente ao infinito exclusivamente em razão de sua simples força intrínseca.

É interessante observar que ao estabelecer sua segunda lei, nessa versão, Newton definiu a ação de uma força denominada por "força impressa", nos seguintes termos:

A mudança do movimento (aceleração) é proporcional à força impressa e ocorre na direção da reta em que essa força é impressa. [3]

Diante dessas leis, pode-se afirmar que Newton compreendia a existência de duas forças distintas operando no movimento, a chamada de "força intrínseca" e a denominada por "força impressa".

O conceito de força intrínseca apresentada na primeira lei caracterizava perfeitamente a causa do movimento retilíneo e uniforme ao infinito e a definição de força impressa mencionada na segunda lei representava a causa fundamental do movimento uniformemente variado.

Com esses dois conceitos em mãos, Newton fez de tudo numa tentativa desesperada para esclarecer, distinguir e definir tais forças. Observe-o em suas próprias palavras:

a) "a força intrínseca, inata e essencial de um corpo".

b) "a força induzida para empurrar ou impressa sobre um corpo".

A pedra fundamental que alicerçaria todo o futuro desenvolvimento da dinâmica newtoniana consistia numa perfeita e exata compreensão da atividade dessas duas forças fundamentais ao movimento. Assim, Newton direcionou todo o seu esforço e energia em torno do desafio oferecido por esses dois novos conceitos.

Na verdade essas duas forças são totalmente distintas e incompatíveis entre si. Enquanto a força intrínseca guarda uma relação direta com o movimento retilíneo e uniforme, a força impressa guarda relação somente com os movimentos acelerados. Enquanto a força impressa é uma ação externa aplicada sobre o móvel ou "impressa sobre um corpo", a força intrínseca é uma ação conservada no móvel ou "essencial de um corpo". E Newton não conseguiu estabelecer nenhuma relação direta que pudesse ligar essas duas forças. Na verdade, da forma como Newton desenvolveu o seu trabalho, a lei da força intrínseca era totalmente incompatível com a lei de força impressa. E como se não bastasse, Newton não conseguiu desenvolver uma relação quantitativa para a força intrínseca, o que certamente dificultou a sua compreensão da relação física que poderia existir entre força intrínseca e força impressa.

À medida que caminhava a largos passos para estabelecer uma dinâmica extremamente rigorosa, fundamentada dentro dos mais perfeitos e exatos moldes quantitativos exigidos pelo método científico moderno, ele percebeu as enormes dificuldades em que estava se envolvendo ao conceituar duas forças distintas para explicar o movimento. Como não chegou de imediato a uma compreensão teoricamente plausível, mais profunda e quantitativa a respeito da força intrínseca, começou discretamente a readaptar o seu conceito original para que se harmonizasse com o conceito de força impressa. Na dinâmica essa foi uma das grandes derrotas que Newton sofreu, da qual nunca se recuperou.

10.4. As Revisões Newtonianas

Nos textos de revisão que se seguiram à terceira versão da obra *De motu*, Newton começou a aproximar-se quase que imperceptivelmente do princípio da inércia. E introduzindo algumas alterações bastante discretas nas definições do movimento, Newton foi transubstanciando o seu conceito inicial de força intrínseca.

Observe como a revisão do conceito de força intrínseca apresentada por Newton o estava conduzindo ao caminho do princípio da inércia, o qual ele conhecia muito bem por meio das obras de Galileu, Descartes e de Gassendi:

A força intrínseca, inata e essencial de um corpo é o poder pelo qual ele se mantém em seu estado de repouso ou de movimento uniforme em linha reta, e é proporcional à quantidade do corpo. Na verdade, ele se exerce proporcionalmente à mudança de estado e, por ser exercida, pode ser chamada de força exercida de um corpo. [4]

Note que a força intrínseca passou a receber outras qualificações e definições. E além do mais, agora ela passou a ser responsável não somente pelo movimento uniforme em linha reta, mas também pelo repouso do corpo. Observe a tentativa de Newton em definir quantitativamente a força intrínseca, como uma grandeza proporcional à "quantidade do corpo". Atente para os novos nomes da força intrínseca: *inata e essencial de um corpo... pode ser chamada de força exercida de um corpo.*

No segundo texto revisto, Newton introduziu mais uma mudança muito significativa na definição do conceito de força intrínseca, mediante a qual ele atribuiu a sua causa à matéria e não a um corpo. Mais tarde ele novamente sugeriu outro nome para essa força, *Vis inertiae*, ou seja, a força de inércia.

Também retificou a sua primeira lei de modo semelhante, afirmando que um corpo, por sua simples força intrínseca, perseverava em seu estado de repouso ou de movimento uniforme em linha reta.

10.5. Adoção do Princípio da Inércia

Pode-se constatar que, quando atingiu um certo estágio de compreensão, Newton abandonou o conceito de força intrínseca como causa exclusiva do movimento uniforme. E além do mais, ao acrescentar um breve aditamento na definição de "força impressa", Newton veio a ratificar essa mudança; observe:

Essa força consiste somente na ação, e não mais permanece no corpo depois que a ação for concluída. [5]

Com as alterações de suas definições básicas e da lei da força intrínseca, Newton definitivamente abandonou o conceito de força intrínseca e submeteu-se às fortes evidências do princípio da inércia. Esses dois conceitos não eram idéias originais de Newton. Na verdade fazia mais vinte anos que a teoria medieval do ímpeto vinha disputando e levando grande vantagem sobre o princípio da inércia na preferência e no gosto de Newton, simplesmente porque representava de forma clara e objetiva o princípio de causa e efeito, tão caro à ciência. Sua convicção sobre essa questão vinha desde o seu primeiro ensaio juvenil intitulado "Do movimento violento", nas *Quaestiones*, no qual doutrinava que uma força inerente aos corpos os mantinham em movimento. Entretanto, nos *Princípios* de René Descartes (1596-1650), na obra *De motu impresso a motore translato* de Pierre Gassendi (1592-1655) e no *Diálogo* de Galileu Galilei (1564-1642), Newton encontrou-se diante de uma concepção totalmente inusitada e inovadora do movimento uniforme: o exato conceito definido pelo princípio da inércia, que ele viria a adotar plenamente vinte anos mais tarde.

Quando publicou a sua obra máxima, *Principia mathematica philosophiae naturalis*, que se traduz por "Princípios Matemáticos da Filosofia Natural" em Londres no ano de 1687, Newton suprimiu toda referência relativa ao conceito de força intrínseca no enunciado da primeira lei. Com isso eliminou não só o caminho, mas também todos os vestígios que o haviam conduzido e levado a submeter-se ao poderoso princípio da inércia. De tal sorte que sua primeira lei, também conhecida como princípio da inércia, foi enunciada nos seguintes termos:

Todo corpo permanece em seu estado de repouso ou de movimento uniforme em linha reta, a menos que seja obrigado a modificar o seu estado por forças impressas nele.

Agora sim! Essa lei é totalmente compatível com a chamada segunda lei de Newton. Pois na ausência de uma força impressa, um corpo permanece no estado em que se encontra; ou seja, em repouso ou em movimento uniforme em linha reta ao infinito. O que Newton fez foi renunciar a uma explicação casual em termos de "forças" para o movimento retilíneo e uniforme, o que não era sua intenção inicial.

Pelo critério do princípio da inércia, repouso e movimento retilíneo uniforme (inercial) são fenômenos físicos equivalentes. Ou seja, não existe nenhuma diferença entre um corpo que se encontra num estado de repouso em relação a outro que se move com velocidade constante. Ambas as situações são perfeitamente válidas, naturais e equivalentes quando se considera a ausência de forças externas.

Essa conclusão também contraria as idéias fundamentais dos filósofos aristotélicos que consideravam o repouso e o movimento como possuidores de causas distintas. Para estes filósofos um corpo se movia devido a ação de uma força externa e entrava em repouso para ocupar o seu estado natural.

10.6. Princípio Fundamental da Dinâmica

A famosa e original concepção da segunda lei de Newton, que versa sobre a quantificação da força impressa pode ser enunciada nos seguintes termos:

* *A intensidade de força impressa sobre um corpo em movimento é igual ao produto entre a massa desse corpo pela aceleração que adquire.*

Baseado nessa lei pode-se afirmar que, sob a ação contínua de uma força de intensidade constante, um móvel apresenta uma velocidade que varia uniformemente no decorrer do tempo. E que a referida força impressa está diretamente relacionada com a aceleração que o corpo apresenta.

Na verdade a força impressa está em correlação, não com a velocidade do móvel como pensava Aristóteles, mas com a aceleração do corpo, conforme Newton apresentou em sua célebre segunda lei do movimento.

10.7. Princípio da Ação e Reação

Newton, ainda estabeleceu uma terceira lei do movimento, enunciada nos seguintes termos:

• *À ação de uma força impressa segue-se a reação de uma força oposta de mesma intensidade.*

Essas três leis de Newton vieram a revolucionar o estudo do movimento. Elas representaram e representam base de toda a ciência da física clássica. Suas aplicações são praticamente infinitas e graças a elas, a engenharia e a industrialização passaram a caminhar com passos de gigantes levando o homem até à lua. E, apesar do advento da teoria da relatividade e da mecânica quântica, essas leis permaneceram inabaláveis e perfeitamente válidas no território do mundo cotidiano.

10.8. Conclusão

Ao abandonar o conceito de força intrínseca aplicada ao movimento retilíneo e uniforme do móvel, que nada mais era do que uma definição de força para o conceito medieval da teoria do ímpeto, Newton na verdade perdeu a única oportunidade que tinha para conhecer uma realidade muito mais bela e profunda a respeito da natureza do movimento. Dessa forma, acabou por sepultar o que teria sido a sua Teoria do Dinamismo. Essa teoria deveria aguardar trezentos anos para voltar à tona nas mãos de Leandro Bertoldo. Agora, porém, com uma diferença: estaria fundamentada dentro do rigoroso contexto do moderno método experimental. Ah! Como teria sido bem diferente o desenvolvimento da física se Newton houvesse concebido o dinamismo em vez da dinâmica!

CAPÍTULO XI

LEANDRO BERTOLDO

11.1. Introdução

Nos últimos vinte e dois anos do século XX, Leandro Bertoldo desenvolveu uma teoria que veio para modificar a Mecânica Clássica de uma maneira nunca antes considerada. Trata-se da Teoria do Dinamismo, a qual leva a uma nova compreensão da natureza. Seu impacto é tão profundo e suas conseqüências são tão imprevisíveis quanto foi a teoria dinâmica desenvolvida por Isaac Newton em 1687.

Durante séculos a física tem sido de longe a ciência mais profundamente estudada e compreendida. Apesar disso, Leandro Bertoldo desenvolveu suas pesquisas examinando qualidades fundamentais por ele considerado, tais como força externa, impulso, força induzida e movimento, que são facilmente aplicados a todos os domínios do Universo.

A teoria dos quanta de Max Planck e a teoria da relatividade de Albert Einstein representaram uma ruptura com a física clássica, no sentido de que estabelecem um limite de validade. Já o Dinamismo de Leandro Bertoldo veio para substituir a dinâmica newtoniana, fornecendo aos físicos novas ferramentas, novos conceitos e uma nova visão da natureza.

Leandro apresentou um sistema coerente e compreensível. Desenvolveu de forma sistemática os conceitos de forças e movimentos. Generalizou os fenômenos cinemáticos e dinâmicos desenvolvidos por Galileu e Newton. Proporcionou ao dinamismo os passos lógicos e progressivos, passando de uma demonstração matemática à seguinte. Elaborou provas e teoremas fundamentais. E alicerçou tudo isso como uma grandiosa prova da coerência do Universo.

11.2. Nascimento

Leandro vem trabalhando nas áreas da física e da matemática há várias décadas. É o primeiro filho do casal José Bertoldo Sobrinho e de Anita Leandro Bezerra. Nasceu a 03 de março de 1959, na capital de São Paulo, região Sudeste do Brasil. Em 1960 nasceu o seu irmão, Francisco Leandro Bertoldo.

Apesar de vir de família pobre, recebeu uma boa instrução escolar. Aos catorze anos de idade veio a revelar uma grande independência de pensamento e espírito, aceitava somente o que entendia ser lógico no pensamento científico, chegando a ponto de discordar em muitos conceitos da Física Clássica por suas limitações e inconsistências intelectuais. Manifestou excelente compreensão do método científico. Durante boa parte de sua adolescência passou muito tempo refletindo, estudando e examinando as qualidades dos fenômenos físicos, o que resultou em variadas e abundantes contribuições na Física Clássica e Moderna.

Leandro veio ao mundo, quando seus pais moravam na cidade de São Paulo, num pequeno e tosco cômodo de terra batida e de telhado baixo, localizado no bairro do Belenzinho. Nasceu forte e cheio de saúde. Uma velha mala de couro cru serviu durante muito tempo de berço para a criança que nascera. Seus pais eram de pouca conversa. E Leandro foi criado, praticamente, sem nenhum contato social, o que o levou a tornar-se uma criança introvertida e pouco comunicativa, porém muito pensativa e reflexiva. Sua mãe o chamava pelo apelido de "santo" e o seu pai o chamava carinhosamente de "gordo".

11.3. A Infância

Em sua infância sempre teve que inventar e construir os seus próprios brinquedos, pois raramente ganhava brinquedos industrializados. Com forquilhas de galhos de árvores construía bonecas para brincar. Houve época que tinha toda uma família de bonecas de forquilhas numa caixa de sapatos. Construía carrinhos com tábuas e carretéis de linha vazios. Fazia bonecos com legumes, como soldadinhos ou carrinhos de cenouras ou de batatas. Fazia relógios de papelão com os ponteiros fixados por um grande prego. Construía seus próprios estilingues, embora sempre fosse grosso na pontaria. Com um pedaço de plástico cortado em rodela inventou um "instrumento musical" que era colocado entre os dentes e os lábios e emitia uma vibração. Com sete anos ganhou uma bicicleta calói de seu pai. E sem a ajuda de ninguém, usando de muita persistência e determinação, após vários tombos e esfolamentos, conseguiu aprender a equilibrar-se e a andar. Também fazia seus papagaios pipas, embora não fosse muito bom nisso, pois não tinha muita paciência para coisas delicadas e demoradas. Construiu um outro "instrumento musical" com tampinhas de garrafas que furava e atravessava com um fio de cobre grosso. Construiu muitas arapucas, mas nunca conseguiu caçar nada. Também tinha uma enorme coleção de tampinhas de garrafas. Aos oito anos de idade adquiriu o hábito de visitar uma vez por semana os lixos das pessoas mais abastadas, para procurar algum brinquedo jogado fora. Achou alguns bem interessantes, os quais reformava e consertava para brincar.

11.4. Educação Escolar Primária

No ano que estava para entrar na escola ganhou de seu pai uma caneta esferográfica escrita fina, de tinta azul e da marca Bic, bem como a Cartilha "Caminho Suave".Foi uma paixão instantânea. Essas coisas, de alguma forma misteriosa, o fazia regozijar. A partir dessa data nunca mais abandonou o papel ou a caneta. Constantemente desenhava casas, montanhas, aves, carros, naves espaciais, discos voadores etc. Uma curiosidade: sempre usou caneta escrita fina.

Os primeiros rudimentos de sua educação intelectual ocorreram no Grupo Escolar Professora Leonor de Oliveira Melo, localizado no bairro do Mogilar em Mogi das Cruzes. Esse período de 1966 a 1971 é marcado pela excessiva timidez e introversão o que foi extremamente prejudicial ao seu estudo e desenvolvimento intelectual. Naquela época sua mãe repetia sempre o mesmo ditado: "Se brigar com alguém e vier para casa chorando vai levar outra surra".Por causa dessas palavras e possuindo uma natureza extremamente tímida, sofria calado várias provocações dos colegas de sala de aula. Mas não contava nada a ninguém, com medo de apanhar da mãe. Ela também dava outros conselhos, como: "Nunca pegue nada de ninguém, nem mesmo um palito de fósforo queimado", ou "não troque o seu juízo com uma criança menor do que você", ou ainda "quem não quer emprestar não espalha para ninguém". Essas filosofias fixaram em seu caráter de tal forma que o seguiu pelo resto dos seus dias.

Desde o princípio de sua educação adquiriu uma extrema reverência pelos livros e canetas, referência esta que o acompanhou pelo resto de sua vida. Menino solitário, muito apaixonado por motores, máquinas e rádios, além de construir os seus próprios brinquedos, e quando possível consertava pequenos aparelhos, como isqueiros, lanternas, campainha de bicicletas, despertadores que achava nos lixos do bairro, ou a pedido de vizinhos, consertava bicicleta, triciclo, cabos de enxada, carroças etc. Mas devido a extrema timidez andava sempre calado, silencioso e cabisbaixo.

Dois professores marcaram sua vida período do primário: A professora dona Terezinha Cursino do primeiro ano e a professora dona Espera do terceiro ano. A primeira era baixa e gorda. A segunda também era baixa, porém magra. A primeira era brava, nervosa, radical e intolerante. Por causa do temperamento dessa professora Leandro teve que ficar esperto. Em certa ocasião ela amarrotou o seu caderno e o jogou no chão, além de gritar com ele e esfregar o seu rosto no quadro negro, e isto na presença de todos os alunos. A segunda professora era muito bondosa e preocupava-se com os sentimentos de seus alunos, conversava amigavelmente, conhecia e compreendia os problemas e a vida intima de cada aluno. Essa professora fazia muitos trabalhos manuais para crianças carentes e deficientes, nos quais os alunos participavam ativamente de livre e espontânea vontade. Devido a afetuosidade da professora Espera, Leandro começou a torna-se um aluno dedicado e estudioso e veio a tornar-se o melhor aluno da classe. E de uma classe de alunos fracos foi promovido para uma classe de alunos fortes. Na nova classe Leandro sentiu o gelo, a distância e a indiferença da professora. Então solicitou que retornasse à classe da professora Espera, com o que a direção da Escola concordou, em benefício do desenvolvimento emocional da criança.

11.5. Primeiras Experiências

Os interesses de Leandro pela ciência vêm desse período. Em certa ocasião amarrou a extremidade de uma corda no tronco de uma árvore que havia nos fundos de sua casa. A seguir amarou a outra extremidade na perna de seu irmão. Depois, para verificar o que acontecia, mandou seu irmão correr. E ele correu e quando a corda esticou, ele caiu de cara no chão e começou a chorar bem alto; de dentro da casa, sua mãe saiu desesperada pensando que havia acontecido alguma tragédia. Nesse dia Leandro esperava levar uma tremenda surra e por sinal bem merecida, mas sua mãe devia estar de bom humor, pois o máximo que fez foi ralhar com ele. Em seus momentos de folga, em sua casa, ele coloria água com raspa de lápis de cor. Acidentalmente descobriu que a água podia ser tirada de um balde por meio de uma pequena mangueira, quando o bico desta permanecia abaixo do nível da água do balde, após uma breve sucção. Isso o deixou maravilhado. Ao ganhar uma lanterna de sua mãe, passou a fazer experiências com a projeção de sombras ou diminuir a luminosidade da lanterna com diferentes anteparos, ou ainda deixar a lanterna ligada durante muito tempo para ver a duração das pilhas. Ao estudar a lanterna, descobriu como ela funcionava e a partir daí, passou a construir as suas próprias lanternas com latas de óleo tesoura e lâmpada. De forma acidental descobriu que o bombril incendiava-se pelas faíscas produzidas por uma pilha elétrica. Também descobriu que a palha de aço "brombril" queimada não era atraído pelos seus ímãs. Certa ocasião desmontou o relógio que ganhou de seu pai para ver como funcionava. Esse relógio nunca mais voltou a funcionar. Durante esse período Leandro leu por várias vezes os seis volumes da "Enciclopédia Juvenil em Cores Ler e Saber".

Quando estava no quarto ano primário Leandro ficou fascinado por um pequeno motor elétrico que viu com um colega de classe. Por mais que fizesse para adquirir tal motor nada conseguiu. E isso só serviu para aguçar sua curiosidade e imaginação para entender como o motor funcionava. Em outra ocasião seus colegas de classe trouxeram para a sala de aula um brinquedo chamado "cérebro eletrônico", que acendia uma pequena lâmpada indicando a resposta correta de uma dada pergunta, quando os eletrodos eram passados sobre vários pontos metálicos do aparelho. Leandro que já entendia de como funcionava a lanterna, bastou dar uma olhada no brinquedo para entender o funcionamento do mecanismo.

11.6. Escola de Primeiro Grau

Entre o período de 1972 a 1975 freqüentou a Escola Estadual de 1º Grau - Dr. Deodato Wertheimer, localizado da Vila Industrial em Mogi das Cruzes. Nesse período veio aos poucos adquirindo o aspecto característico de sua personalidade: a total independência de pensamento. Só confiava naquilo que ele pudesse confirmar por si mesmo. Nessa escola aprendeu os primeiros elementos de ciências, álgebra e geometria. Nesse período começou a escrever algumas cadernetas que continham o registro de qualquer idéia que lhe ocorria e que lhe parecia original, nela estão registrado, aparelhos de moto-contínuo, projetos de foguetes, fórmulas matemáticas, poesias, aforismos, códigos secretos. Essas cadernetas estão conservadas com o autor até os dias de hoje.

Em certa ocasião, não tendo o que fazer resolveu copiar de forma codificada toda a matéria de matemática no quadro negro de sua sala de aula. Como estava em código, tudo parecia um monte de riscos e garranchos. A professora, ao chegar na sala, viu aqueles rabiscos e simplesmente se limitou a comentar para a classe que não entendia grego. A seguir, sem apagar o quadro, deu uma prova surpresa. Na classe inteira só havia um aluno colando toda a matéria do quadro negro, bem na cara da professora. E foi o único que tirou a nota dez.

Nesse período realizou muitas experiências físicas nas aulas de ciências, como, por exemplo, comprovar a existência da pressão atmosférica, provar a existência do ar etc. Num trabalho de biologia ele foi incumbido de caçar e matar uma ratazana a fim de obter o crânio para o laboratório da escola. Nesse empreendimento teve bastante sorte, pois em determinado dia, depois de um grande temporal, ele saiu pelos terrenos baldios à procura de uma ratazana, rapidamente acabou encontrando uma semi-afogada num lixo próximo de sua casa. Então inseriu um saco plástico na mão e depositou o animal numa lata, a qual fechou hermeticamente, o que ocasionou a asfixia da ratazana pelo confinamento. Por essa época passou a gostar de ler livros biográficos que contavam a vida e a obra dos grandes nomes da ciência. Gostava bastante conhecer a vida de Galileu e de Newton. Os professores que marcaram esse período de sua vida foram as professoras Jane e Ciolanda. Jane ministrava aulas de língua portuguesa e era filha da escritora Botyra Camorim, já a professora Ciolanda ministrava aulas de biologia. Ambas muito competentes, profundas e rigorosas.

Nessa época era um adolescente extremamente revoltado com o mundo e pessimista com a vida. Suas frustrações o tornaram por algum tempo uma pessoa amarga, iracunda e desconfiada de tudo e de todos. Nessa época sua carga emocional negativa era extremamente grande. E isso o tornava uma pessoa sempre preparada para uma crise nervosa. Seus sonhos e ilusões eram as suas únicas válvulas de escape. Passada a sua adolescência, muitos desses sintomas emocionais desapareceram.

11.7. Escola de Segundo Grau e Universidade

No período de 1976 a 1978 estudou na Escola Estadual de 2º Grau - Francisco Ferreira Lopes, localizada no bairro do Mogilar. Nessa época adquiriu sua maturidade científica. Seus interesses, sempre crescentes, eram amplos e variados: mecânica, elasticidade, termologia, termodinâmica, eletricidade, magnetismo, teoria atômica, relatividade, física quântica, matemática, lingüística, poesias, literatura, exegese bíblica... No ano seguinte, (1979) matriculou-se na Universidade de Mogi das Cruzes - UMC, a fim de estudar física. Ao entrar para a universidade já se encontrava envolvido em profundos trabalhos de pesquisas, os quais nunca revelou a ninguém.

No colegial teve dois bons professores de física, o professor Harano e o professor Benê, este último também foi seu professor na Faculdade de Ciências Exatas e Tecnológicas da Universidade de Mogi das Cruzes.

Aos dezesseis anos, quando deu início aos seus estudos no Colégio, fez uma grande descoberta científica. Encontrou uma possível explicação para a causa da velocidade. Posteriormente notou que as leis de Newton eram incompletas para explicar todos os detalhes do movimento. Depois de realizar algumas observações, desenvolveu os primeiros conceitos de uma nova teoria mecânica.

11.8. Primeiro Casamento

Em 1980, Leandro fez o seu estágio universitário durante o período noturno na Escola Estadual de Primeiro Grau, Dr. Deodato Wertheimer - a mesma que havia estudado anos antes. Nesse lugar veio a conhecer uma aluna chamada Francineide Maciel, com quem se casou em 1981, advindo dessa união uma bela criança que recebeu o nome de Beatriz Maciel Bertoldo. Entretanto, esse casamento foi tumultuado por brigas, discussões e desconfianças por falta de maturidade do casal. E devido a tantos problemas o casamento terminou quatro anos depois.

11.9. As Pesquisas

Entre 1978 a 1985, Leandro pesquisou e desenvolveu centenas de artigos científicos, principalmente nas áreas da física e da matemática. Tirando o período de seu trabalho cotidiano que era de quarenta horas semanais, Leandro dedicava cinqüenta horas semanais às suas pesquisas particulares. Não tinha diversões ou qualquer tipo de lazer. Sua vida resumia-se ao trabalho e às suas pesquisas. Entre tantos artigos e livros produzidos nesses anos, podem-se citar alguns: Elasticidade, Fotodinâmica, Dinamismo, Princípios da Teoria Térmica, Elementos Matemáticos do Núcleo Atômico, Princípios Atômicos, Teoria do Magnetismo Terrestre, Teoria da Gramática Simbólica, Mecânica Elementar, Eletrodinâmica Elementar, Absorciologia, Higrologia, Cálculo Modular, Geometria, Análise Combinatória de Leandro, Função, Progressão Fatorial de Leandro, Distribuição de Combinações e centenas de outros artigos. Toda essa produção durante um período do que poderia muito bem ser chamado dos sete "anni mirabilis" - "anos maravilhosos" - na vida intelectual de Leandro, quando ele estava no auge de sua criatividade científica. Mais do que em qualquer outra, essa foi uma época em que se preocupava intensamente com os fundamentos da física e da matemática.

Em todas as suas pesquisas, Leandro sempre trabalhou sozinho, praticamente em segredo. Nem mesmo os seus parentes mais chegados sabiam o que aquele rapaz tanto escrevia e que parecia nunca chegar a um fim. Quando publicou a sua primeira obra, já haviam decorrido dezessete anos desde que começou a desenvolver e escrever as suas idéias.

Enquanto a maioria dos físicos começa os seus trabalhos originais aos 26 anos de idade, com Leandro deu-se ao contrário, aos 26 anos tinha concluído toda as suas obras. Dos 19 aos 26 anos trabalhou com uma pressa febril para conseguir colocar no papel todas as idéias originais que lhe ocorriam. E o mês de julho de 1985 encerrou para Leandro aquele período de consolidação de seu caráter e com isso extinguiu-se também aquele período de explosiva criatividade que tem caracterizado a juventude de vários cientistas que trabalham na área das exatas. Nos anos seguintes, seu tempo e energia seriam dedicados ao desenvolvimento de muitas de suas idéias juvenis.

11.10. Segundo Casamento

No final do ano de 1987, Leandro conheceu aquela que viria a ser a sua segunda esposa, a bela e meiga jovem, Daisy Menezes que o levou ao altar em 1992, advindo desse casamento um relacionamento de amor, paz e sossego para o cientista.

Todos que a conhecem dão bom testemunho de sua inteligência espiritual. Possui em elevado grau uma bondade e extrema solidariedade para com os menos afortunados. Nunca deixou passar uma oportunidade para praticar a caridade. Tamanha é a força do seu carisma que todos que a conhecem passam a amá-la quase que instantaneamente.

11.11. Natureza Pessoal

Ao considerar como realizou as suas descobertas científicas, ele foi levado a reconhecer que a intuição, o uso da analogia e o rigoroso limites impostos pelo raciocínio lógico e principalmente o método matemático foram os fatores que comandaram a sua criatividade. Esta natureza intuitiva e racional representa as qualidades particulares de sua personalidade. Raciocinando por analogia desenvolveu as mais variadas teses, todas fundamentadas em conceitos matemáticos, que é o mínimo que se pode esperar de uma teoria científica na área das exatas.

Durante boa parte de sua vida, foi uma pessoa tímida, solitária, pensativa, introvertida, introspectiva, concentrada, sem amigos íntimos ou mesmo próxima. Essa situação não o deixava triste, muito pelo contrário, ele simplesmente a adorava e procurava a todo custo manter as coisas desse modo. Pois considerava que todo tempo livre era pouco para suas pesquisas. Quando passava um dia sem produzir, considerava aquele dia como totalmente perdido.

11.12. Publicações

Leandro Bertoldo publicou vários livros que foram bem recebidos por vários cientistas, conforme comprova as cartas e e-mail que recebeu dessas ilustres pessoas. Em 1995 publicou o livro intitulado por *Eletrodinâmica Elementar*, no qual demonstra matematicamente que, sendo a energia uma grandeza física quantizada, não se pode evitar a conclusão de que a corrente elétrica está dividida em partes elementares e que se comportam como correntes elementares na estrutura eletrônica e nuclear. Em 1996 publicou o livro chamado *Absorciologia*, no qual expõe matematicamente as principais idéias sobre a absorção apresentada pelos corpos imersos em diferentes líquidos. Em 1997 publicou o livro denominado por *Mecânica Elementar*, no qual procura defender a tese de uma Cinemática e Dinâmica quantizada para tratar dos fenômenos mecânicos ondulatórios discretos. Em 2000 publicou o livro *Artigos Sobre o Dinamismo*, no qual apresenta uma coletânea constituída por quase uma centena de artigos versando sobre os vários aspectos da Teoria do Dinamismo. Em 2002 publicou o livro intitulado *Teoria Matemática e Mecânica do Dinamismo*. Nesta obra o cientista defende duas teses fundamentais: na primeira trata das duas estruturas da "Teoria do Dinamismo", aplicadas em todos os campos da Mecânica Clássica, partindo da Cinemática até a Teoria da Gravitação Universal, e a segunda tese intitulada "Mecânica do Movimento", apresenta o estudo dos vários tipos de movimentos resultantes de forças que variam uniformemente com o decorrer do tempo, onde também aplica a Teoria do Dinamismo. Em 2003 publicou o livro intitulado *Teses da*

Física Clássica e Moderna, na qual defende trinta e uma teses originais abrangendo vários ramos da Física Clássica e Moderna. Nele podem ser encontrados idéias e conceitos inovadores tais como: "ondas relativísticas", "microscópio relativístico", "atmomagnetismo como causa do geomagnetismo", "quantização elementar da massa", "intervalo atômico", "depreciação energética de um sistema", "relativismo da indução eletromagnética", "teoria da resistência do ar" entre tantas outras idéias originais do autor, tudo demonstrado matematicamente.

11.13. Início da Teoria do Dinamismo

Como foi dito, as primeiras realizações de Leandro em ciência datam do ano de 1976, quando tentou por si mesmo compreender as causas fundamentais e naturais do movimento dos corpos. Em janeiro de 1978 concluiu o seu primeiro artigo científico contendo a idéias básicas da Teoria do Dinamismo. Extremamente intuitivo, desenvolveu a hipótese de que as velocidades dos corpos são provocadas por uma interação, a qual chamou por "força induzida". Resumidamente, esse artigo estava fundamentado nas seguintes leis:

Lei I - A variação de velocidade é diretamente proporcional à variação de força induzida.

Lei II - A variação de força induzida é diretamente proporcional à variação de tempo.

Lei III - Na ausência de força induzida um corpo está em repouso, a menos que uma força externa venha a alterar esse estado.

Lei IV - Na presença de força induzida um corpo está em movimento retilíneo e uniforme ao infinito, a menos que uma força externa venha a alterar a força induzida.

Leandro havia descoberto algumas leis fundamentais da natureza, mas precisava dar sentido ao que encontrou. Como não tinha nenhuma teoria e aparentemente sua idéia inicial não se harmonizava com a dinâmica newtoniana, resolveu deixá-la de lado para uma ulterior reflexão. Mesmo porque sua mente no vigor da juventude e cheia de curiosidade fervilhava com novas idéias que o arrebatavam para novos campos e o levava a desenvolver teorias originais nas mais diferentes áreas da Física, Matemática, Química, Lingüística e outras.

11.14. Generalização da Teoria do Dinamismo

Em 1995 ao retornar ao assunto da proporcionalidade da velocidade em função da força induzida foi levado a sintetizar o que denominou por "Teoria Geral do Dinamismo". Essa teoria veio a generalizar a mecânica clássica mesclando a cinemática e a dinâmica em um único conceito cheio de unidade, harmonia e altamente consistente.

Basicamente, as leis do movimento que foram delineadas na nova teoria do Dinamismo são as seguintes:

Diz a *primeira lei*: "A força externa que atua sobre um corpo é igual ao produto da massa desse corpo pela aceleração a que é submetido".

A *segunda lei* do Dinamismo mostra que "o impulso é diretamente proporcional à aceleração que o móvel apresenta. A referida constante de proporcionalidade apresenta um valor universal e é denominada por estimulo".

A *terceira lei* do Dinamismo estabelece que "a variação da força induzida é igual ao produto entre o impulso pela variação de tempo que atua no móvel".

Estas leis guardam uma relação intrínseca e extrínseca entre si, e não há fenômeno mecânico que as mesmas não possam explicar. Com o modelo defendido pelo Dinamismo, os conceitos fundamentais da Mecânica foram redefinidos tornando-a mais generalizada e racional. Esse novo modelo incorporou à Mecânica uma linguagem e abriu espaço para a criação de um quadro de referência altamente consistente e racional que descrevem como o movimento se comporta e interage sob a ação de forças.

11.15. Conclusão

Ciente de que novas idéias dificilmente são aceitas de imediato pela comunidade científica, Leandro, para facilitar o entendimento de suas pesquisas e conciliar suas conclusões procurou desenvolvê-las de uma maneira simples e o mais elementar possível. E embora suas idéias sejam completamente novas, são fáceis de ser incorporada ao conhecimento científico existente. Para popularizar a sua Teoria do Dinamismo, escreveu uma série de artigos populares.

Seu maior desejo é que a sua vida tenha sempre um propósito bem definido em benefício de toda a humanidade. E isso tem sido a sua razão de viver, sua constante motivação e alegria. A sua esperança tem sido sempre uma: que seus esforços não tenham sido em vão, mas que esteja construindo algo de bom para todos e que venha a sobrepujar a sua própria existência. Como disse Hans Christian Andersen: *Ser útil no mundo é o único caminho para a felicidade.*

CAPÍTULO XII

A TEORIA DO DINAMISMO

12.1. Introdução

Apesar da mecânica ter caminhado a passos de gigantes nas mãos de Galileu Galilei (1564-1642) e nas de Isaac Newton (1642-1727) no século XVII, ainda faltava inscrever as idéias desses gigantes dentro do contexto de uma rigorosa Teoria do Dinamismo, que deverá incorporar as idéias dos antigos filósofos naturais dentro das novas concepções da Física Clássica.

Trezentos anos depois dos esforços de Galileu e de Newton, um jovem colegial chamado Leandro Bertoldo, desconhecendo totalmente as idéias dos filósofos aristotélicos e escolásticos, ao empregar os conceitos do moderno método científico, desenvolveu uma nova teoria que veio a reformar as bases da física e, em conseqüência, anexou à mecânica as idéias do dinamismo.

Raros são os períodos que tiveram grandes conseqüências para as pesquisas científicas de Leandro como os dois anos de 1976/1978, quando criou e desenvolveu as bases da moderna Teoria do Dinamismo. Enquanto o princípio da inércia havia desviado continuamente a atenção dos físicos para a causa da velocidade, do repouso ou do movimento inercial, retardando significativamente o desenvolvimento do Dinamismo, a nova concepção de Leandro sobre o conceito de indução exigiu um certo grau de abstração e originalidade, bem como um tratamento matemático compatível com o rigoroso método científico.

12.2. Início do Dinamismo

O dinamismo teve sua origem como resultado de uma definição qualitativa de força e de uma hipótese matemática, introduzindo um novo termo no vocabulário da mecânica:

Denomino por força induzida a interação que provoca o movimento de qualquer corpo.

Essa força aparece no móvel como resultado da ação da força externa atuando sobre o móvel e essa ação causa uma *indução* de força, razão pela qual é chamada de força induzida. O conceito de força induzida não se aplica a apenas a um ou a outro tipo de movimento em particular, mas se aplica a todo e qualquer tipo de movimento. De forma que é um conceito extremamente generalizado que engloba todos os tipos de movimentos, sejam eles uniformes, variados, uniformemente variados etc.

Para Leandro, o conceito de força induzida é perfeitamente suficiente para caracterizar a marca distintiva do movimento verdadeiro. Portanto, pode-se afirmar que a força induzida define satisfatoriamente os movimentos absolutos.

Nenhum outro vocábulo, que possa ser destacado do contexto original da tese de Leandro, é suficientemente forte para caracterizar de forma clara, objetiva e rigorosa do que o termo *indução* definido expressamente em seu trabalho. Essa palavra reflete, antes de qualquer outra coisa, uma profunda investigação de caráter fundamental a respeito das forças induzidas em sua interação com as demais forças que estão envolvidas no dinamismo, na determinação precisa da velocidade e da diversidade de movimento. Graças ao inspirador conceito de indução de força, é que o dinamismo foi fundamentado numa teoria de causas para se constituir numa mecânica perfeitamente lógica e racional.

A hipótese fundamental apresentada por Leandro em sua tese do dinamismo dizia respeito à proporcionalidade entre velocidade e força induzida, observe seu enunciado:

A variação de velocidade de um móvel é diretamente proporcional à variação de força induzida.

É simplesmente maravilhoso e até mesmo providencial encontrar a apresentação da definição e da hipótese matemática que fundamenta o dinamismo já no primeiro rascunho da obra que viria a estabelecer, no futuro, o princípio da interação entre as forças e o movimento como um das colunas da ciência moderna. Em conjunto, elas indicam a gigantesca tarefa que Leandro teve que enfrentar em janeiro de 1978, quando contava apenas dezoito anos de idade. E o fato de ele tentar encontrar uma demonstração matemática e experimental para a causa por trás do fenômeno da velocidade é, por si só, mais do que notável, uma vez que não tinha predecessores nessa linha de argumentação.

12.3. Desenvolvimento do Dinamismo

Com o desenvolvimento de suas pesquisas, à sua hipótese original, Leandro acrescentou mais cinco que vieram a representar a síntese do dinamismo naquele momento. Quase que de imediato, estando plenamente convicto das grandes verdades que descobrira em suas demonstrações matemáticas, resolveu modificar o vocábulo que classificava a sua pesquisa como um simples "modelo do dinamismo" para adotar definitivamente a classificação de "teoria do dinamismo"; foi também nessa ocasião que decidiu abandonar o termo "hipótese" que havia apresentado inicialmente no seu rascunho original, em favor de uma outra palavra: "lei". O que deu origem às leis do movimento ou leis do dinamismo, que inicialmente somaram seis. Tais leis foram enunciadas nos seguintes termos:

1ª Lei: *No movimento uniformemente variado a variação de velocidade de um móvel é diretamente proporcional à variação de força induzida.*

2ª Lei: *No movimento uniforme e retilíneo a velocidade de um móvel é diretamente proporcional à força induzida.*

3ª Lei: *No movimento uniformemente variado a variação de força induzida é diretamente proporcional à variação de tempo.*

4ª Lei: *Somente pela interação da força induzida um móvel mantém o seu movimento retilíneo e uniforme ao infinito, a menos que uma força externa seja aplicada sobre esse móvel provocando a modificando da força induzida.*

5ª Lei: *Na ausência de força induzida um corpo permanece em seu estado de repouso, a menos que uma força externa* *seja aplicada sobre esse corpo alterando tal situação ao lhe comunicar uma força induzida.*

6ª Lei: *A força externa que atua sobre um corpo é igual ao produto entre a massa desse corpo pela aceleração que apresenta.*

Essas seis leis caracterizaram e sintetizam o artigo original de Leandro concluído em janeiro de 1978, o qual foi singelamente intitulado por *Dinamismo*. Este título foi tirado do dicionário e o autor o empregou visando, unicamente, distinguir a física de Leandro da física de Newton.

O que continha, afinal, no texto do *Dinamismo* que veio a revelar ao mundo da ciência o conceito de força induzida? É claro que não era a idéia de uma interação entre várias forças relacionadas ao movimento, pois o artigo falava, essencialmente, apenas em força induzida relacionada com as grandezas físicas da cinemática. Não relacionava matematicamente a força induzida com a força externa e também não relacionava a força induzida com a massa do corpo. A interação teórica entre qualquer outra força teria que esperar por dezessete anos para vir à luz.

12.4. Dificuldades com a Teoria

Apesar da consistência lógica de sua teoria, o jovem cientista não estava totalmente satisfeito, pois o dinamismo apresentava um ponto crucial que o incomodava sobremaneira, uma verdadeira pedrinha em seu sapato! A questão que o aborrecia estava centrada na relação matemática e teórica entre força externa e força induzida, bem como na relação entre força induzida e massa. E em seus vários esforços visando esclarecer precisamente tais conceitos, ele apresentou a força externa como uma ação oriunda de uma fonte externa aplicada sobre um corpo e apresentou a força induzida como uma interação comunicada, conservada e transportada pelo corpo em movimento (móvel).

Aparentemente! Apenas aparentemente a relação entre esses três conceitos (força externa, força induzida e massa) era incompatível e não guardavam nenhuma relação teórica. A pergunta que fazia era: como entender a relação teórica entre a força induzida com a força externa e com a massa de um corpo? Por isso, todo o desenvolvimento ulterior do dinamismo orbitou em torno dessas três grandezas físicas, cuja relação lógica era fundamental à exata compreensão do movimento. Ao negar uma tradição científica de trezentos anos, Leandro foi forçado a abrir o seu caminho tateando no escuro. Porém, sua teoria incorporava todos os ditames do senso comum.

A solução teórica para essa questão permaneceria em aberto durante dezessete longos anos. Em 1995 Leandro decidiu continuar se conduzindo pelo rigor lógico, filosófico, matemático e pela consistência experimental entre o dinamismo e a dinâmica. Assim, à medida que obedecia às exigências inflexíveis de uma teoria do dinamismo caracterizada pela precisão lógica e harmonia interna foi gradativamente levado a adotar o princípio da interação entre forças dinâmicas.

Evidentemente, ele poderia ter desistido diante da poderosa e vigorosa estrutura constituída da dinâmica newtoniana. Porém, com relação ao rigor lógico e à consistência interpretativa racional impingida à dinâmica, que a seu ver cheirava a uma certa deficiência, ele não se conformou e apresentou contestação após contestação, argumento após argumento até alcançar a vitória almejada, demonstrando claramente suas idéias fundamentais pelo método matemático. Para Leandro a teoria de Newton não é somente insuficiente, mas também é, em muitos aspectos, ininteligível, como por exemplo, a falta de um conceito da causa do movimento inercial, ou do repouso ou mesmo da queda livre em relação ao conceito de movimento livre no vácuo absoluto.

Estando insatisfeito com as explicações filosóficas oferecidas pela segunda lei de Newton para vários fenômenos mecânicos, entre os quais a questão da inércia da matéria e da força gravitacional, Leandro foi levado a pesquisar esses assuntos mais profundamente até compreendê-lo por sua própria conta. Posteriormente, alguns esclarecimentos e definições apresentadas no conceito de força externa, foram ratificando o seu conceito de força induzida, tudo isso à medida que ele avançava para um dinamismo quantitativamente rigoroso e altamente consistente na interpretação do movimento.

12.5. A Solução dos Problemas

Leandro estava também descontente com a sua teoria inicial do dinamismo a qual poderia ser compreendida do seguinte modo: "Aplicando-se uma força externa sobre um móvel, este recebe uma força induzida que aumenta de intensidade enquanto estiver sob a ação de tal força externa. E uma vez cessada a ação da força externa o móvel deixa de receber a força induzida, porém mantém conservada aquela quantidade que recebeu durante o período em que estava sob o efeito da ação da força externa. E se o móvel sofrer a ação de uma força externa oposta, sua força induzida será extraída, ou seja, dissipada". Assim, se torna claro que parte da solução do conceito de indução era o seguinte:

A força externa operando num móvel no decorrer do tempo provoca o aparecimento de uma força induzida.

Entretanto, descobriu que a referida explicação ainda não estava totalmente completa, simplesmente porque a sua análise não levava em consideração o efeito que a inércia provoca ao causar a resistência oferecida pela matéria à alteração do seu estado de aceleração ou de repouso. Ele havia constatado que, se uma mesma intensidade de força externa for aplicada a dois móveis que possuem diferentes massas, aquele que possui maior massa apresentará, dentro de um mesmo intervalo de tempo, uma menor força induzida em relação àquele que possui menor massa. Portanto, o aumento da massa era a grandeza física responsável pela diminuição da força induzida.

Repetindo! Ele havia constatado que quanto maior era a massa de um móvel, sob a ação de uma intensidade de força externa constante, tanto menor era a intensidade de força induzida, num mesmo intervalo de tempo. Após refletir um pouco sobre essa observação, acabou por encontrar a solução definitiva para a sua teoria: sua explicação era que esse fenômeno ocorre porque *parte* da força externa interage com a *inércia da matéria* e a *parte* excedente da força externa *resulta* no chamado *impulso*. Conseqüentemente a interação desse impulso é a causa fundamental que comunica ao móvel uma força induzida. Desse modo fica evidente que a solução do conceito de indução era o seguinte:

O impulso que interage num móvel no decorrer do tempo provoca o aparecimento de uma força induzida.

Esse conceito é completo, pois leva em consideração tanto a força externa aplicada sobre um corpo, quanto à resistência inercial oferecida pela matéria à modificação do movimento.

12.6. Leis do Dinamismo

Desse modo estava completa a explicação básica da teoria do dinamismo de Leandro. Para essa teoria, uma massa maior exige o emprego de uma força externa maior para vencer a resistência oferecida pela inércia da matéria. Ela também estabelece que a relação entre força externa e massa resulta na grandeza física denominada por impulso. E quanto menor for o impulso tanto menor será a intensidade de força induzida no móvel dentro de um mesmo intervalo de tempo.

Portanto, o problema provocado pela inércia da matéria, ficou totalmente solucionado. E, finalmente, a Teoria do Dinamismo ficou satisfatoriamente e definitivamente explicada nos seguintes termos:

A força externa aplicada sobre um corpo ao interagir com a matéria é parcialmente absorvida pela inércia e parcialmente devolvida num impulso, o causa o aparecimento de uma força induzida, cuja intensidade é crescente com decorrer do tempo de atividade do impulso.

Desse estudo resultaram as seguintes leis que são fundamentais à compreensão de toda a mecânica. Essas leis afirmam que:

Lei I - *A força externa que atua sobre um corpo é igual ao produto entre a massa desse corpo por sua aceleração.*

Lei II - *O impulso é igual ao produto entre uma constante universal denominada por estímulo pela aceleração que o corpo apresenta.*

Lei III - *A variação da força induzida num móvel é igual ao produto entre a intensidade do impulso pela variação de tempo decorrido de interação desse impulso.*

Como se pode observar, a conclusão final do Dinamismo orientou-se, unicamente, na interação de algumas forças fundamentais à compreensão de qualquer forma de movimento. E, tendo Leandro adotado o princípio da interação entre as forças, a dinâmica newtoniana encaixou-se rapidamente dentro do contexto do modelo do dinamismo. O interessante é que ele havia absorvido a essência fundamental de sua lei de força induzida dezessete anos antes, e em nenhum momento a havia substituído ou modificado enquanto travava uma verdadeira guerra intelectual contra a interpretação filosófica e teórica da segunda lei de Newton. Suas leis possibilitaram a criação e o desenvolvimento de uma ciência lógica e quantitativamente rigorosa do dinamismo, a qual viria a suplantar a mecânica galileana e newtoniana. O dinamismo quantitativo veio para levar o movimento a uma generalização muito mais abrangente do que qualquer outra teoria mecânica até então proclamada pela física.

O fascínio exercido pela Teoria do Dinamismo reside em dois fatos básicos: primeiro que a questão teórica em si é bem simples de ser compreendida, e segundo porque as suas leis podem ser enunciadas em termos matemáticos compreensíveis a qualquer estudante de primeiro grau. Também é interessante deixar registrado que assim como a força externa é o conceito dinâmico que se equipara com o conceito cinemático de aceleração; a força induzida é o conceito dinâmico que se equipara ao conceito cinemático de velocidade.

12.7. Conseqüências das Leis do Dinamismo

As leis retro mencionadas constituem todo o fundamento e arcabouço da moderna teoria do dinamismo. O interessante no trabalho de Leandro é a descoberta de que a essência dos princípios do dinamismo, que aparentemente eram incompatíveis com as leis da mecânica clássica, na realidade apresenta uma interligação bastante íntima. E, em última análise, descobriu-se que existem pontos comuns tanto no dinamismo como a mecânica clássica.

Por meio da teoria do dinamismo se tornou possível demonstrar matematicamente, dentro dos princípios da Mecânica Clássica, a validade do seguinte postulado:

A velocidade de um corpo é igual ao produto entre uma constante de proporcionalidade denominada "estímulo" pela intensidade da força induzida.

Em outras palavras, a velocidade de um corpo está na dependência direta de uma certa força, chamada por força induzida. O postulado anteriormente mencionado estabelece que quanto maior for a quantidade de força induzida comunicada e conservada por um móvel, tanto maior será a sua velocidade. Esse conceito que relaciona a conservação de força induzida com a velocidade do móvel veio restaurar o antigo conceito da filosofia aristotélica que define o movimento do corpo como resultado da potência e do ato. Todavia deve-se entender que na Teoria do Dinamismo a causa eficiente é representada pela grandeza física denominada por força induzida e o ato representado pela grandeza física conhecida como velocidade.

Da análise do movimento em relação à força induzida e à força externa, resultam alguns princípios gerais, conforme a seguinte exposição:

1º - Sob a perspectiva da **força induzida** pode-se demonstrar matematicamente a validade dos seguintes princípios gerais do movimento:

Na ausência de força induzida, um corpo está em repouso.

Sob a interação de uma força induzida, um corpo está em movimento.

Sob a interação de uma força induzida constante, um corpo está em movimento retilíneo e uniforme ao infinito.

Sob a interação de uma força induzida que varia uniformemente no decorrer do tempo, um corpo está em movimento uniformemente variado.

Diferentemente da tese central da dinâmica de newtoniana, Leandro traçou a distinção existente entre movimento e ausência de movimento. De modo que, sob a ótica do dinamismo, todo e qualquer tipo de movimento é o resultado da ação da força induzida transportada pelo móvel. Não se concebe movimento sem a presença da força induzida. Com isso fica claro que quando um corpo está em repouso, significa que o ele se encontra na total ausência de forças induzidas. E para que um móvel entre em repouso é necessário que algum agente externo venha a extrair dele toda força induzida, que anima o seu movimento. Essa extração ocorre pela ação de uma força externa que seja oposta ao vetor da força induzida.

2º - Sob a perspectiva da **força externa**, Leandro demonstrou matematicamente a validade do seguinte princípio:

Na ausência de forças externas, todo corpo mantém o seu estado de repouso ou de movimento retilíneo e uniforme ao infinito.

Esse princípio nada mais é do que uma reafirmação dinâmica da primeira lei de Newton, também conhecida como princípio da inércia. Newton não foi o primeiro a enunciar o princípio da inércia, todavia foi o primeiro que o generalizou em virtude do seu inovador conceito de força, definido na segunda lei do movimento. Pode-se observar que o princípio da inércia somente possui algum significado físico importante sob a ótica do conceito de força externa. Desse modo, na ausência de força externa um corpo pode se encontrar numa situação de repouso ou numa situação de movimento retilíneo e uniforme ao infinito, a menos que uma força externa venha a modificar qualquer uma dessas situações. Também está claro que, sob a perspectiva da força externa, é impossível saber em qual situação o corpo se encontra, se está no estado de repouso ou no estado de movimento retilíneo e uniforme ao infinito, simplesmente porque tal força encontra-se ausente em ambas situações. Em outras palavras, na ausência de forças externas um corpo pode encontra-se em repouso ou em movimento retilíneo e uniforme ao infinito. Logo o conceito de força externa isoladamente não presta para oferecer uma explicação *casual* do repouso ou do movimento retilíneo e uniforme ao infinito.

Também é importante deixar bem claro que as leis do dinamismo apresentadas por Leandro podem ser reduzidas para duas:

• *O impulso resultante num corpo é diretamente proporcional à força externa aplicada sobre esse corpo e inversamente proporcional à massa de tal corpo. A referida constante de proporcionalidade é conhecida por "estímulo".*

• *A variação da força induzida num corpo é igual ao produto entre a intensidade do impulso pela variação de tempo.*

E mesmo essas duas leis podem ser reduzidas para apenas uma, cujo enunciado é o seguinte:

• *A força induzida comunicada num móvel é diretamente proporcional à intensidade de força externa aplicada sobre esse corpo e inversamente proporcional à massa de tal corpo, tudo em produto com a variação de tempo.*

Essas leis tornaram bastante claro que Leandro foi capaz de reduzir a problemática mecânica a algumas poucas e simples leis fundamentais, a partir das quais pôde deduzir todos os demais conceitos do movimento.

Tais leis constituem o cerne da contribuição de Leandro para o modelo do dinamismo, o qual desenvolveu sozinho e independentemente de qualquer outro pensador. Também se pode dizer que essas leis caracterizam uma unidade fundamental do dinamismo. De forma que, dentro de suas respectivas estruturas, não é possível rejeitar uma delas sem afetar a compreensão de todo o sistema.

Em síntese, o dinamismo se encontra firmemente estabelecido e fundamentado na seguinte verdade:

Uma força externa aplicada sobre um corpo, após interagir com inércia da matéria, manifesta-se numa grandeza física conhecida por impulso, o qual no decorrer do tempo, gera uma força induzida crescente e que se conserva no móvel.

Diante do exposto verifica-se que na teoria do dinamismo os corpos são tratados como objetos passivos da forças externas incidentes sobre eles e também como objeto ativo que resistem ao movimento, além de serem tratados como veículos ativos de forças induzidas incidindo sobre outros corpos. Finalmente se deve acrescentar que o dinamismo mostra claramente, sem deixar nenhuma margem de dúvida, que a teoria que defende não é inercial, mas motora.

12.8. Geração da Força Induzida

Como foi dito, no ano de 1976 o jovem estudante Leandro Bertoldo deu início às suas investigações sobre a causa da velocidade, acabando por descobrir uma nova teoria mecânica baseada no inovador conceito de *força induzida*. Essa força que é intrínseca ao móvel apresenta propriedades bastante peculiares, tais como intensidade, quantidade, conservação, transportabilidade, indução, dissipação e transferência.

Sabe-se que a força induzida está relacionada diretamente com a velocidade do corpo, com a qual guarda uma relação de proporcionalidade. A produção dessa força e sua explicação são bastante interessantes: no início de suas pesquisas, Leandro havia aplicado o seu princípio da indução, sem, no entanto, compreender totalmente a sua teoria. No decorrer de suas pesquisas ele havia considerado que, ao aplicar uma força externa num móvel, este recebe uma força induzida que aumenta de intensidade enquanto o móvel estiver sob a ação da força externa. Entretanto, cessada a ação da força externa, o móvel também cessa de receber a força induzida, todavia, mantém conservada aquela quantidade de força induzida que recebera durante o período em que estava sob a ação da força externa. E se o móvel sofrer a ação de uma força externa oposta, a sua força induzida será extraída do móvel, seja provocando deformações, freando a ação da força externa que lhe é oposta etc. Assim, se torna claro que parte da solução do conceito de indução pode ser enunciada nos seguintes termos:

• A **força externa** *operando num móvel no decorrer do tempo provoca o aparecimento (indução) da força induzida.*

Posteriormente, Leandro notou que a referida explicação não estava completa, simplesmente porque a sua teoria não levava em consideração de forma explicita o efeito que a inércia provoca ao exercer uma certa resistência à alteração do seu estado de movimento ou de repouso. Ele havia constatado que, se uma mesma intensidade de força externa (constante) for aplicada a dois corpos móveis de massas diferentes, poder-se-á observar que, aquele que possui maior massa apresenta, num mesmo intervalo de tempo, uma menor força induzida do que aquele que possui uma menor massa.

Como se sabe, a solução teórica e matemática para essa questão iria permanecer em aberto durante dezessete anos. Assim, foi somente em 1995, que ele encontrou uma solução definitiva para a sua teoria do dinamismo. Essa versão mais completa da teoria estabelecia que quando uma força externa for aplicada sobre um corpo, ela deverá vencer a oposição oferecida pela inércia, tendo como resultante um impulso, o qual ao interagir no móvel, no decorrer do tempo, comunica-lhe uma força induzida crescente. A referida teoria estabelece que:

a) Quanto maior for a massa de um móvel que se encontra sob a ação de uma intensidade de força externa constante, tanto menor será a quantidade de *força induzida* comunicada ao móvel, num mesmo intervalo de tempo;

b) Quanto maior for a massa de um móvel que se encontra sob a ação de uma intensidade de força externa constante, tanto menor será a intensidade de *impulso* resultante no móvel. Isso ocorre porque parte da força externa é utilizada para vencer a oposição oferecida pela inércia da massa do corpo e a parte excedente da força externa, a qual não foi utilizada para vencer a oposição oferecida pela inércia da matéria, resulta no impulso. Dessa maneira fica claro que o impulso é realmente a causa geradora da força induzida no móvel.

Com a descoberta teórica do conceito de impulso, finalmente estava completa a explicação básica da teoria do dinamismo. Em outras palavras, uma massa maior apresenta uma maior inércia, razão pela qual a alteração do estado de inércia exige o emprego de uma intensidade maior de força externa para vencer a resistência oferecida por essa inércia. Uma vez que a resistência seja vencida, a parte excedente da força externa emerge como uma resultante, conhecida por impulso. E quanto maior for o impulso resultante da força externa, tanto maior será a intensidade de força induzida comunicada ao móvel num mesmo intervalo de tempo.

Dessa forma, o problema provocado pela inércia da matéria, ficou satisfatoriamente solucionado. E, finalmente, o princípio da indução de força ficou definitivamente explicado da seguinte maneira:

• *A interação de um* **impulso** *num móvel causa o aparecimento (indução) de uma força induzida, cuja intensidade é crescente no decorrer do tempo.*

O conceito de impulso não leva em consideração apenas a força externa que é aplicada sobre o corpo, mas também leva em consideração o efeito que a inércia exerce intrinsecamente sobre matéria. Com isso, se pode concluir que a teoria do dinamismo, em essência, é o estudo da produção de força induzida a partir do impulso que interage num móvel.

Assim, com a definição de *força induzida* apresentada em 1978 e com a definição do conceito de *impulso* apresentado em 1995, a teoria ficou definitivamente esclarecida, podendo englobar em seu bojo todos os conceitos da Mecânica Clássica. Com isso, Leandro fundou um novo ramo da Física, que denominou por Dinamismo.

12.9. Conclusão

O movimento retilíneo uniforme e o repouso, sob a perspectiva da inércia, têm sido considerados como um "estado" da cinemática. Ocorre que todo estado pressupõe uma causa por trás daquele estado. Há uma causa para o repouso e uma causa para o movimento. Desse modo, em relação ao mesmo referencial pode-se dizer que:

1º - A causa do repouso é atribuída à ausência de força induzida;

2º - A causa do movimento pode ser explicada pela presença de uma força induzida no móvel;

3º - A causa do movimento retilíneo e uniforme é entendida como um fenômeno devido a certa quantidade força induzida transportada e conservada de forma constante pelo móvel;

4º - A causa do movimento uniformemente variado é perfeitamente compreendida pela variação uniforme da força induzida comunicada ao móvel no decorrer do tempo pela ação de um impulso de intensidade constante; com isto o ímpeto vai se acumulando gradativamente no móvel.

Assim, a questão da causa da inércia ser um estado não passa de um jogo de palavras e discussão filosófica sem sentido para a dinâmica ou para do dinamismo, uma vez que o repouso e o movimento são considerados situações totalmente diferentes com causas diferentes, quando avaliadas em relação a um mesmo referencial. E, se existe uma causa diferente, a lógica exige que se procure uma explicação para essa diferença. Não basta dizer que ambas as situações são resultados da ausência de forças. Isso não explica nem esclarece nada.

Desse modo, o modelo mecânico apresentado por Leandro forneceu uma única explicação matemática e um único conceito que relaciona os mais diversos fenômenos da natureza, tais como: repouso, movimento uniforme, movimento uniformemente variado, velocidade, aceleração, princípio da inércia, força externa, massa etc. A força motora comum que coordena todas essas atividades é denominada por força induzida. Essa generalização extraordinária combinou finalmente a Cinemática de Galileu e a Dinâmica de Newton num único conceito lógico, consistente e perfeitamente harmonioso; uma façanha que tanto Galileu como Newton desejaram realizar, mas não lograram êxito.

CAPÍTULO XIII

EPÍLOGO

13.1. Introdução

Depois que estabeleceu firmemente a base teórica e matemática da Teoria do Dinamismo, Leandro Bertoldo voltou-se a partir de 1996 para a pesquisa histórica em busca de precedentes para sua tese de uma força como a causa primordial da velocidade dos corpos. E, após algum esforço, acabou por encontrar algo parecido em vários autores antigos, entre os quais se destacam Aristóteles, Hiparco, Filopono, Buridan. Também encontrou alguma coisa entre os autores modernos, sobressaindo-se Descartes, Galileu e Newton.

Pode-se afirmar que o conceito de dinamismo empregado na explicação da causa do movimento é conhecido de forma bastante rudimentar desde a mais remota Antigüidade clássica. Aristóteles havia conjeturado que o movimento era o resultado da *potência* e *ato*, ou seja, força e deslocamento. Esse sábio pensava que a *causa eficiente* que mantinha um corpo em movimento era a contínua ação de uma força externa aplicada sobre ele. Tal concepção sobre a causa do movimento é chamada de *estrita*, e prevaleceu até o fim da Idade Média, quando foi renegada por vários cientistas modernos, em particular pelo influente e intrépido cientista italiano Galileu Galilei (1564-1642).

Apesar das idéias de Aristóteles ter exercido uma tremenda influência na explicação sobre a causa do movimento, verdade é que durante boa parte da Idade Média alguns filósofos, principalmente os chamados físicos parisienses, defenderam uma outra suposição bem mais elaborada. Eles consideraram que no chamado "movimento violento", um projétil pode se deslocar sem que haja a necessidade da contínua ação de uma força externa aplicada sobre ele, como por exemplo, o movimento de uma flecha ou de uma bala de canhão quando arremessada no espaço aéreo. Com base nessas idéias acabaram criando uma nova física que ficou sendo conhecida como "Teoria do Ímpeto", a qual, até certo ponto, também não deixava de ser uma forma primitiva de dinamismo, uma vez que exigia para a manutenção do movimento a interação de um certo ímpeto.

Essa teoria nascida na Idade Média supunha que o projétil arremessado num movimento violento mantinha o seu estado de movimento, unicamente devido à influência de uma certa grandeza qualitativa chamada por ímpeto. Quanto à sua natureza, o ímpeto era um verdadeiro mistério, pois as suas propriedades não estavam bem esclarecidas, nem mesmo possuía uma definição mais precisa. Supostamente, devido a certas qualidades ocultas da natureza, o ímpeto era injetado no projétil no exato momento de seu arremesso. Naquela época, muitos filósofos imaginaram que no decorrer do movimento o ímpeto era gasto; e quando se esgotasse, o projétil retornaria ao seu estado natural de repouso. É evidente que a teoria do ímpeto representava uma extraordinária inovação e avanço no campo da filosofia natural e também era um notável progresso em relação às idéias defendidas por Aristóteles para o movimento dos projéteis. Isto porque, além de introduzir na filosofia natural o conceito inovador de ímpeto como uma explicação alternativa perfeitamente viável para a causa do movimento violento, também admitia a possibilidade do movimento no vácuo. Todavia, essa teoria não deixava de ser aristotélica, no sentido de que "tudo que se move é movido por outro", razão pela qual foi estudada pelos antigos dentro do contexto da filosofia aristotélica.

13.2. Newton e o Ímpeto

Também é interessante lembrar que o genial físico inglês, Isaac Newton (1642-1727), durante boa parte de sua vida, foi bastante influenciado pela teoria do ímpeto, conforme comprovam os seus escritos. Em seu ensaio juvenil *Do movimento violento*, nas *Quaestiones quaedam philosophicae*, escrito quanto tinha apenas vinte e um anos de idade, Newton conjeturara que uma força inerente aos corpos era a causa que os mantinham em movimento. Todavia, acabou por rejeitar tal idéia ao considerar o conceito quantitativo de força externa. Posteriormente, numa outra obra intitulada *De gravitatione et aequipondio fluidorum*, escrita entre os anos de 1664 a 1669, Newton procurou definir a força em termos de um princípio externo ou interno. Observe as suas definições em suas próprias palavras:

Força é um princípio causal que produz o movimento e o repouso. Ela é ou externa - a que produz ou dissipa, ou altera de uma forma ou de outra o movimento impresso em algum corpo; ou então é um princípio interno, por força do qual o movimento ou o repouso existente é conservado em um determinado corpo, e em razão do qual tende a continuar no seu estado e opõe resistência. [1]

Muitos anos depois, quando já contava quarenta e um anos de idade, numa pequena obra intitulada *De motu corporum in gyrum*, concluída em 1684, Newton ainda se encontrava fortemente influenciado pelas idéias medievais da teoria do ímpeto, tanto que chegou a conjeturar a hipótese de uma suposta *força intrínseca* como causa do movimento uniforme, conforme postulou:

Por sua força intrínseca apenas, todo corpo segue uniformemente em linha reta para o infinito, a menos que algo extrínseco venha impedi-lo. [2]

Mas novamente acabou por renegá-la ao abraçar o genérico e amplo princípio da inércia, o qual estava em perfeita harmonia com o seu conceito quantitativo de força externa, conforme é expressa pela sua segunda lei do movimento.

Não obstante a causa do movimento ser estudada desde a mais remota Antigüidade e algumas hipótese e regras para explicá-la terem cintiladas na mente de muitos estudiosos, não se deve inferir que desde essa época tenha existido uma Teoria do Dinamismo compreendida como um conjunto ordenado e científico de leis que sistematizam, explicam e descrevem matematicamente o movimento em função direta de suas causas. Com efeito, esta teoria só iria surgir em 1978, quando Leandro Bertoldo desenvolveu a sua Teoria do Dinamismo dentro do mais rigoroso método científico. Tal teoria não relacionava apenas qualitativamente força e movimento, como fazia a antiga física do ímpeto, mas relacionava tanto qualitativamente quanto quantitativamente a força com o estudo das grandezas cinemáticas e dinâmicas, como velocidade, aceleração, massa, peso, força externa, inércia etc. É importante observar que, na época em que Leandro concebeu e desenvolveu suas idéias, ele desconhecia totalmente os antigos conceitos da teoria do ímpeto e ignorava as idéias de Aristóteles a respeito desse assunto.

13.3. Equívocos da Mecânica Aristotélica

Em seus estudos, Aristóteles havia cometido três erros extremamente graves que levaram os cientistas modernos a abandonarem as suas idéias de um dinamismo do movimento.

1º - O primeiro erro teve origem no fato de que tanto Aristóteles quanto todos os seus seguidores conheciam de forma bastante superficial e intuitiva o que hoje é chamada por força externa. E, por desconhecerem as exatas propriedades dessa força, vieram a aplicar erradamente tal conceito na explicação da causa do movimento, pois consideraram que a força externa era a causa direta e responsável pelo movimento de qualquer corpo. Ocorre que essa hipótese estava totalmente equivocada conforme os seguintes motivos:

a) Ela não explica a propriedade fundamental do movimento, pois o princípio da inércia estabelece que um corpo mantém do seu estado de movimento retilíneo e uniforme independentemente da ação de uma força externa aplicada sobre ele. Logo o movimento não é mantido pela ação da força externa.

b) Também não explica adequadamente a causa da velocidade, pois sob a ação de uma força externa "constante", a velocidade do corpo "varia" uniformemente no decorrer do tempo, portanto, a força externa não pode ser considerada como sendo a causa direta da velocidade alcançada por um corpo em movimento.

c) Sob a perspectiva da Física Clássica, não existe nenhuma força relacionada diretamente com a velocidade do corpo em movimento.

2º - Para Aristóteles a resistência do meio estava de tal modo vinculada ou aderida ao movimento que, sem ela o movimento seria instantâneo e a velocidade infinita, o que ele considerou absurdo, levando-o até mesmo a negar a existência do vácuo devido à impossibilidade de movimento em tal meio. Com isto fica claro que Aristóteles não havia compreendido a exata função do atrito no movimento dos corpos.

3º - O terceiro erro resultou do fato de que esses filósofos não compreenderem mais precisamente a relação existente entre força de atrito e movimento, por isso imaginaram que em qualquer região do universo era necessária a ação de uma força externa continuamente aplicada sobre um corpo para mantê-lo numa situação de movimento, caso contrário tal corpo retornaria ao seu estado natural de repouso.

4º - O quarto erro consistiu no fato de não terem levado em consideração a possibilidade do movimento no vácuo, razão pela qual imaginaram que haveria sempre a necessidade da contínua ação de uma força externa para manter a continuidade do movimento do corpo. Todavia a Física Moderna mostra que o vácuo existe e que é possível os corpos se movimentarem em tal meio independentemente da contínua ação de qualquer força externa.

5º - O quinto erro aconteceu porque imaginaram que se realmente o vácuo existisse, o movimento deveria ser instantâneo, alcançando uma velocidade infinita, portanto, o corpo não consumiria nenhum intervalo de tempo para realizar o seu movimento. Segundo esses estudiosos, isso deveria ocorrer porque num meio sem resistência o movimento não teria nenhum limite. Todavia, a verdade é que o vácuo realmente existe, e a velocidade alcançada pelo corpo neste meio não é infinita, como supunha a filosofia aristotélica.

6º - O sexto erro ocorreu porque, com base no principio de que "quanto maior for a força externa aplicada sobre um corpo, tanto maior será o seu movimento", esses filósofos inferiram que um corpo de maior peso cairia mais rapidamente do que um de menor peso. Ocorre que Galileu Galilei demonstrou experimentalmente que todos os corpos, independentemente de seus pesos, caem com a mesma velocidade, quando soltos da mesma altura.

7º - Aristóteles errou porque estudou o movimento numa situação *complexa*, ou seja, não eliminou todas as variáveis possíveis que poderiam influenciar o fenômeno do movimento. Sendo que uma das variáveis complexas que influi no movimento, e que ele não eliminou foi a resistência oferecida pelo atrito, fato que o levou a concluir que para um corpo manter a sua situação de movimento seria necessário a contínua ação de uma força externa aplicada sobre ele, o que não é verdade. Pois, uma vez eliminada o atrito o corpo mantém a sua situação de movimento independentemente da aplicação de qualquer força externa. Com isso fica claro que Aristóteles errou porque não estudou a causa *fundamental* do movimento, mas estudou o movimento numa situação que pode ser chamada de *complexa*.

Como se não bastasse tudo isso, as idéias sobre a causa do movimento que foram defendidas por Aristóteles e seus seguidores não foram demonstradas experimentalmente ou matematicamente. Na realidade nem mesmo representavam a verdadeira causa da velocidade dos corpos. Tudo não passava de suposições criadas pela imaginação solta sem as rédeas do método científico.

13.4. Deficiências da Teoria do Ímpeto

Quanto à teoria do ímpeto, defendida pelos físicos parisienses, ela procurava relacionar uma suposta grandeza física chamada de ímpeto com o movimento de um projétil. Entretanto, essa teoria também apresentava várias deficiências que nunca puderam ser superadas.

1º - A primeira deficiência consistia no fato de que a relação entre ímpeto e movimento era apenas qualitativa e estava destituída de qualquer rigor matemático constatado com base em provas experimentais. Na verdade a teoria nunca teve uma base quantitativa ou experimental e, dentro do contexto da moderna ciência da física, os conceitos apresentados na teoria ímpeto nunca foram satisfatoriamente confirmados. E isto era uma questão de fundamental importância, conforme revela o novo paradigma que a física estava adotando no século XVII.

2º - A segunda deficiência apresentada pela referida teoria era que os antigos físicos parisienses fizeram do ímpeto um conceito vago, que não era exatamente bem definido e que, conseqüentemente, se ajustava a qualquer explicação que se exigia dele, razão pela qual os sábios estavam divididos entre várias escolas, cada qual defendendo um determinado conceito da teoria do ímpeto. Existia uma teoria do ímpeto defendida pela escola parisiense que aceitava a existência do vácuo e outra teoria do ímpeto defendida pela escola aristotélica que considerava o vácuo uma impossibilidade. Somente essas duas opiniões já resultavam em dois conceitos distintos para ímpeto: o ímpeto não exaustivo e o ímpeto exaustivo. Todos estes fatos tornam claro que o ímpeto era um princípio mais filosófico do que científico. E como se essa confusão não fosse suficiente, havia ainda a explicação *estrita* defendida por Aristóteles sobre a intervenção contínua de uma força externa no movimento.

3º - A terceira deficiência observada na referida teoria é que ela não conseguia levar em consideração a relação existente entre o ímpeto e a atividade da matéria em resistir ao movimento. Tampouco, estabelecia a exata relação entre inércia e ímpeto; entre massa e ímpeto; entre peso e ímpeto; entre velocidade e ímpeto; entre aceleração e ímpeto; e entre força externa e ímpeto. A teoria só estabelecia uma vaga relação qualitativa entre movimento e ímpeto.

4º - Em seus estudos sobre a causa do movimento, apresentados no artigo *De motu*, Newton havia considerado que um corpo em movimento uniforme é carregado por uma suposta força intrínseca que lhe era interna. Ele aplicou o conceito de força intrínseca apenas ao movimento uniforme em linha reta ao infinito, jamais aplicou o seu conceito ao movimento uniformemente variado. Newton sabia que o movimento uniformemente variado exige a ação de uma força externa de intensidade constante continuamente aplicada sobre o corpo; e como não conseguiu relacionar a força intrínseca com a força externa, acabou abandonando o seu conceito de força intrínseca em favor do princípio da inércia.

5º - Na teoria do ímpeto o repouso é explicado como sendo uma situação natural na qual o corpo ocupa o seu lugar permanente na terra, enquanto que dinâmica newtoniana explica o repouso de um corpo como um estado de inércia com velocidade nula, conforme o enunciado do princípio da inércia: "um corpo permanece no seu estado de repouso ou de movimento retilíneo e uniforme ao infinito, a menos que forças externas venham a alterar essa situação".

6º - Por essa teoria o movimento uniformemente variado não possui uma explicação razoável, uma vez que quando projétil é arremessado ele deixa de receber acréscimos de ímpeto, o que implica dizer que no arremesso o projétil recebe uma determinada ou limitada quantidade de ímpeto, o qual permanece constante.

7º - Para finalizar, o conceito conhecido pelo nome de ímpeto era aplicado somente no movimento projétil, cuja atividade cinemática tinha origem num movimento violento.

O fato era que tanto para Aristóteles quanto para os físicos parisienses o conceito de força externa era intuitivo e não técnico. O conceito de ímpeto era qualitativo e não quantitativo. Pode-se ainda afirmar que os físicos parisienses nem ao menos consideraram a possibilidade do efeito simultâneo entre a força externa e ímpeto como possível causa para explicar a aceleração do corpo. Com todas essas deficiências apresentadas pela teoria do ímpeto, não é de se admirar que os estudiosos tenham chegado a uma série de conclusões equivocadas que os dividiram, levando-os a emitirem diferentes opiniões sobre as propriedades do ímpeto. Verdade é que o ímpeto era um princípio imaginário e sua existência nos corpos em movimento era uma suposição sem nenhuma base metodológica.

13.5. A Física Moderna e a Física Medieval

Durante a sua juventude, Descartes, Galileu e Newton haviam aderido firmemente às idéias defendidas pela teoria do ímpeto, como uma explicação perfeitamente plausível para causa fundamental dos movimentos dos corpos. Porém, esses homens, que se tornaram gigantes da ciência moderna, jamais apresentaram um único fundamento científico (matematização ou experimentação) para comprovar tais idéias. Em nenhum momento conseguiram ampliar ou desenvolver a teoria do ímpeto para englobar todas as grandezas físicas cinemáticas e dinâmicas que estavam sendo descobertas e que caracterizam o corpo em movimento, tais como: força externa, massa, aceleração, velocidade, peso, inércia etc. Nunca deram à teoria uma base quantitativa que relacionasse o ímpeto e o movimento. Nenhum deles aplicou o método experimental para apoiar qualquer aspecto defendido pela teoria do ímpeto. Na realidade seus pontos de vistas eram filosóficos, o que não proporciona um critério válido que possa satisfazer as exigências do rigoroso método científico moderno: matematização e experimentação. Ou seja, nenhum filósofo natural apresentou uma construção matemática para fundamentar a teoria do ímpeto e ninguém lhe deu uma base experimental.

Diante do exposto, pode-se afirmar categoricamente que tais idéias eram bastante controvertidas e nunca foram apresentadas de modo a satisfazerem as exigências do método científico. E com a consolidação da dinâmica newtoniana, ocorrida no final do século dezoito, todos os termos e hipóteses que eram defendidas pela teoria do ímpeto foram gradativamente caindo em desuso. E, com o passar do tempo, os interesses por tais assuntos cessaram completamente, de tal modo que nunca chegaram a ser incorporados no contexto da ciência moderna.

13.6. A Teoria do Dinamismo

Leandro foi o único que desenvolveu demonstrações matemáticas, generalizações e provas a fim de apresentar as leis pelas quais a natureza age, ao passo que as idéias dos antigos não passaram de simples especulações. Em outras palavras, a Teoria do Dinamismo de Leandro, desenvolvida sob o aspecto qualitativo e quantitativo, está baseada na mais rigorosa matemática e na demonstração experimental observada, em perfeita coerência com os dados apresentados pela Mecânica Clássica. As idéias dos antigos não passaram de simples conjecturas baseadas na metafísica, enquanto que a Teoria do Dinamismo se mostra como um verdadeiro instrumento de cálculo. Também se pode dizer que o método empregado por Leandro é complementar, baseado em deduções matemáticas com induções de fatos já constatados pela Física Clássica.

As diferenças existentes entre as antigas idéias sobre a causa do movimento e as defendidas pela Teoria do Dinamismo, dizem respeito aos diversos tipos de forças envolvidas no fenômeno da mecânica. Tais forças estão ligadas entre si pelo rigor matemático e experimental, dentro de um contexto altamente lógico e consistente. Essas forças, em conjunto, explicam perfeitamente os mais diferentes tipos de movimentos, além de esclarecerem a causa da velocidade, da aceleração, do peso, da inércia etc. Em síntese, tal teoria se encontra tão desenvolvida que é suficientemente completa para dar conta dos mais variados fenômenos observados no movimento, englobando suas causas e os seus efeitos. Também se pode verificar que o modelo defendido pela Teoria do Dinamismo está rigorosamente de acordo com as descrições fornecidas pela Mecânica Newtoniana em todos os seus mínimos detalhes, abrangendo-a e estendendo-a numa grande generalização, o que torna claro que as duas idéias não são incompatíveis.

Eis o momento oportuno para levar a Mecânica Clássica a um modo de pensar mais profundo e altamente consistente. Chegou o tempo de vestir minuciosamente os fatos da Mecânica de uma racionalidade até então nunca alcançada. Finalmente agora se tem, com a Teoria do Dinamismo, o conceito necessário para fundir fatos e observações num sistema todo harmonioso, lógico e perfeitamente racional. Somente a Teoria do Dinamismo consegue resolver problemas fundamentais da Mecânica que até os dias de hoje não encontraram uma solução satisfatória.

13.7. Conclusão

Diante de tudo o que foi exposto na presente obra, pode-se concluir que não é possível atribuir aos filósofos aristotélicos ou aos seus seguidores uma antecipação da moderna teoria do dinamismo. A teoria esposada e desenvolvida por Leandro Bertoldo, no último quartel do século XX, está fundamentada em fatos definidos, claros e precisos, os quais são facilmente verificados por meio de previsões rigorosamente exatas, obtidas pelo método matemático e confirmados pela observação experimental, em total harmonia com a física newtoniana, o que não se verifica com os conceitos da antiga física.

E não poderia ser de outro modo, porque tanto as idéias, quanto as grandezas físicas apresentadas na Teoria do Dinamismo, são totalmente diferentes daquelas empregadas pelos filósofos aristotélicos ou por qualquer outro pensador posterior. Portanto, sem uma clara prova experimental ou demonstração matemática de seus conceitos, as suposições defendidas por Aristóteles e pelos físicos parisienses não passaram de uma simples especulação ou mesmo adivinhação.

Leandro sempre teve um compromisso com uma explicação autenticamente algébrica, razão pela qual a Teoria do Dinamismo foi adequadamente descrita em termos matemáticos. Graças a isso, a teoria se revelou altamente operatória e construtiva. Para alcançar este objetivo, a teoria define o conceito de força induzida como uma grandeza física diretamente proporcional à velocidade que o móvel apresenta em seu estado de movimento, pouco importando a natureza do movimento seja ele retilíneo e uniforme ou uniformemente acelerado ou qualquer outro. A seguir, procurou deduzir matematicamente as conseqüências desse conceito. Chegou à conclusão que no movimento uniformemente variado o corpo recebe um impulso que é diretamente proporcional à aceleração que adquire em seu movimento. Demonstrou que no movimento acelerado, aumento iguais de força induzidas são acrescentados em períodos iguais de tempo. Nesse tipo de movimento o móvel se encontra sob a ação de uma força externa de intensidade constante. Demonstrou que no movimento inercial a força induzida permanece conservada de forma constante e no repouso a força induzida é nula. Com tudo isso fica claro que a Teoria do Dinamismo está fundamentada dentro de uma concepção matemática, o que a torna altamente racional e diferente de qualquer outra que lhe seja semelhante. Além disso, seus conceitos conduzem a Mecânica Clássica a uma situação mais elevada de generalização, o que não é alcançada nem mesmo pela Dinâmica Clássica Newtoniana.

Durante a Idade Média a teoria do ímpeto foi grandemente desenvolvida dentro dos moldes da física aristotélica, todavia nunca foi apresentada dentro de um contexto rigorosamente científico que ligasse todos os fatos cinemáticos e dinâmicos observados na natureza. Deste modo, pode-se afirmar que todos os argumentos apresentados pelos antigos em defesa da teoria do ímpeto não possuem nenhum valor científico porque não estavam acompanhados de provas ou demonstrações matemáticas. Em virtude dessas deficiências a teoria do ímpeto foi rejeitada pela crítica científica moderna, a qual trabalha fundamentada somente com o método cientifico: *matemática* e *experiência*. Sabe-se que tal método foi aplicado pioneiramente de forma extensa e abrangente, com grande sucesso, por Galileu e Newton. Em resumo, a teoria aristotélica do movimento e a teoria do ímpeto eram antes de tudo uma idéia filosófica e nunca veio a se constituir numa teoria científica. Por isso a paternidade pela descoberta da moderna teoria do dinamismo é devida unicamente ao cientista brasileiro Leandro Bertoldo.

"Esta Sociedade não desconsiderará nenhuma hipótese, sistema ou doutrina de filosofia natural propostos por qualquer filósofo antigo ou moderno, nem qualquer explicação dos fenômenos que recorra a causa primeira... nem qualquer definição dogmática, nem suposição de axiomas, mas, pelo contrário, criticará e analisará todas as opiniões, não adotando nenhuma até que, por meio de debates amadurecidos e argumentos claros, deduzidos principalmente de experiência legítimas, sua veracidade seja invencivelmente demonstrada".[3]

Robert Hook
Secretário da Royal Society

GLOSSÁRIO

Aceleração – Grandeza física que mede a variação de velocidade de um móvel no decorrer do tempo. Ou seja, grandeza que mede a mudança da intensidade do movimento.

Causa Eficiente – Segundo a filosofia aristotélica é o agente responsável pela transformação da potência em ato. Em termos modernos, a *causa eficiente* na Teoria do Movimento de Aristóteles pode ser considerada como sendo a força externa; na Teoria do Ímpeto pode ser considerada como sendo o próprio ímpeto e na Teoria do Dinamismo pode ser considerada como sendo a força induzida.

Cinemática – É parte da Mecânica que classifica e descreve qualitativamente e quantitativamente o movimento dos corpos sem se preocupar em compreender as suas causas.

Dinâmica – Parte da Mecânica que estuda o comportamento do movimento dos corpos unicamente em relação ao conceito de força externa.

Dinamismo – Em seu sentido amplo é a filosofia que relaciona força e movimento. São exemplos de dinamismo: **a)** a Mecânica de Aristóteles porque nela não existe movimento sem a contínua ação de uma força externa aplica sobre o móvel; **b)** a Teoria do Ímpeto porque defende a tese de que não há movimento sem a interação de um certo ímpeto; **c)** e a Teoria do Dinamismo porque ensina que todo corpo permanece em seu estado de movimento unicamente enquanto conservar uma força induzida.

Dinamismo Aristotélico – O preceito do dinamismo aristotélico afirma que tudo o que está em movimento está sendo movido por outro.

Estímulo – É uma constante universal que relaciona o estado dinâmico (força induzida) ao estado cinemático (velocidade) de um corpo.

Forças – São grandezas físicas avaliadas pelos efeitos que produzem, tais como deformações, pressões, acelerações, impactos etc.

Força de atrito – O atrito é a força que resulta do contato entre duas superfícies ásperas.

Força externa – Ação produzida e aplicada por uma fonte externa ao corpo.

Força induzida – Força comunicada a um corpo em movimento como resultado da interação do impulso no decorrer do tempo.

Impulso – É uma resultante da ação da força externa após esta vencer a oposição oferecida pela inércia da matéria.

Inércia – A inércia pode ser definida como a resistência ou oposição oferecia pela matéria à alteração do seu estado de repouso ou de movimento.

Ímpeto – Elemento imaterial injetado no projétil no momento de seu arremesso pela ação do motor.

Lei – É o enunciado de um fenômeno, observado de modo preciso (matematicamente e experimentalmente), e que oferece explicação a um grande número de fatos.

Massa – A massa é uma grandeza física que mede a quantidade de matéria que um corpo possui.

Mecânica – É o ramo da Física que estuda a Cinemática, a Dinâmica, a Estática e a Gravitação Universal.

Motor – Qualquer ação que atua sobre um corpo para coloca-lo ou mantê-lo em movimento.

Móvel – Palavra que caracteriza qualquer corpo que esteja em movimento.

Movimento – Toda e qualquer alteração de posição de um corpo no decorrer do tempo.

Movimento inercial – Movimento com velocidade constante realizada por um corpo que não está submetido à ação de forças externas.

Movimento livre – Movimento realizado por um corpo que está submetido somente à ação de uma força externa.

Movimento retilíneo e uniforme – Nesse tipo de movimento o móvel percorre distâncias iguais em intervalos de tempos iguais.

Movimento uniformemente variado – Movimento no qual o móvel apresenta velocidades iguais em intervalos de tempos.

Movimento violento – Ação que arremessa um corpo no espaço, levando-o a se deslocar por força do ímpeto.

Peso – O peso é uma força que resulta da atração gravitacional entre massas, avaliada num referencial fixo em relação ao centro do planeta. Ou melhor, o peso resulta da interação gravitacional e manifesta-se com o corpo estando em repouso sobre um outro corpo também em repouso. Se ambos estiverem em queda livre o peso é nulo.

Projétil – Corpo que apresenta movimento por força do ímpeto, ao ser arremessado no espaço por meio de um movimento violento.

Repouso – Conceito que define a total ausência de movimento do corpo em relação a um referencial.

Tempo – Conceito primitivo e subjetivo inferido pela sensação do "antes", do "agora" e do "depois".

Teoria – Pode ser definida como um conjunto de regras ou de leis sistematicamente organizadas sobre um determinado assunto, e que servem de base para uma ciência.

Teoria do Dinamismo – Essa teoria defende a posição de que uma força externa aplicada sobre um corpo ao vencer a oposição oferecida pela inércia emerge numa resultante denominada por impulso, que ao interagir no móvel no decorrer do tempo comunica-lhe a chamada força induzida.

Teoria do Ímpeto – Essa teoria medieval ensina que um projétil mantém a sua situação de movimento unicamente devido a um certo ímpeto que lhe é injetado pelo motor no momento do arremesso.

Velocidade – É uma grandeza física que avalia quantitativamente a intensidade do movimento.

NOTAS

Capítulo I – Aristóteles e o Movimento

(1) Citado em Neves, p. 544.

Capítulo III – A Teoria do Ímpeto

(1) Citado por Neves, p. 545.
(2) Citado por Neves, p. 545.
(3) Citado por Cunha, p. 94.
(4) Citado por Cherman, p. 36.

Capítulo IV – Críticas à Teoria do Ímpeto

(1) Citado em Resnick, p. 1.
(2) Citado em Galilei. *Duas Novas Ciências: incluindo: da força de percussão*, p. 131

Capítulo V - Transição de Paradigma

(1) Citado em Gaukroger, p. 546/547.

Capítulo VI – Descartes e a Teoria do Ímpeto

(1) Citado por Gaukroger, p. 302.
(2) Citado por Gaukroger, p. 452.
(3) Citado por Gaukroger, p. 302.
(4) Citado por Gaukroger, p. 305.
(5) Citado por Gaukroger, p. 302.

Capítulo VII - Galileu e a Teoria do Ímpeto

(1) Citado em Galilei. *Duas Novas Ciências: incluindo: da força de percussão*, p. 174.

(2) Citado em Galilei. *Duas Novas Ciências: incluindo: da força de percussão*, p. 213.
(3) Citado em Galilei. *Duas Novas Ciências: incluindo: da força de percussão*, p. 214.
(4) Citado em Galilei. *Duas Novas Ciências: incluindo: da força de percussão*, p. 215.
(5) Citado em Galilei. *Duas Novas Ciências: incluindo: da força de percussão*, p. 216.
(6) Citado em Braga, volume 2, p. 89.

Capítulo VIII - Galileu Galilei

(1) Citado em Sobel, p. 260.
(2) Citado em Sobel, p. 218.
(3) Citado em Sobel, p. 213.

Capítulo IX – Isaac Newton

(1) Citado por Casini, p. 45.

Capítulo X – Newton e a Teoria do Ímpeto

(1) Citado em Westfall, p. 164.
(2) Citado em Westfall, p. 164.
(3) Citado em Westfall, p. 165.
(4) Citado em Westfall, p. 166.
(5) Citado em Westfall, p. 166.

Capítulo XIII - Epílogo

(1) Citado em Newton. *O Peso e o Equilíbrio dos Fluidos*, p. 83.
(2) Citado em Westfall, p. 164.
(3) Conforme citação de Simaan e Fontaine, p. 235.

BIBLIOGRAFIA

Bertoldo, Leandro. *Artigos Sobre o Dinamismo*. Rio de Janeiro: Litteris Editora, 2000.

____. *Teoria Matemática e Mecânica do Dinamismo*. Rio de Janeiro: Litteris Editora, 2002.

____. *Teses da física clássica e moderna*. Rio de Janeiro: Litteris Editora, 2003.

Braga, Marco; Guerra, Andreia; Reis, José Cláudio. *Breve história da ciência moderna, volume 1: convergência de saberes*. Rio de Janeiro: Jorge Zahar, 2003.

____. *Breve história da ciência moderna, volume 2: das máquinas do mundo ao universo-máquina*. Rio de Janeiro: Jorge Zahar, 2003.

Cane, Philip. *Gigantes da Ciência*. Tradução e notas de José Reis. Rio de Janeiro: Editora Tecnoprint S.A.

Casini, Paolo. *Newton e a consciência européia*. Tradução de Roberto Leal Ferreira. São Paulo: Editora da Universidade Estadual Paulista, 1995.

Cherman, Alexandre. *Sobre os ombros de gigantes: uma história da física*. Rio de Janeiro: Jorge Zahar Ed., 2004.

Claret, Martin. *O pensamento vivo de Galileu*. Organização de Pablo Rubén Mariconda. Pesquisa Paulo Tortello. São Paulo: Martin Claret Editores, 1987.

Cunha, Altair L. e Caldas, Helena. *Revista Brasileira de Ensino de Física*. Volume 23, n° 1, pág. 93/103. São Paulo: Publicação da Sociedade Brasileira de Física, 2001.

Dampier, Sir William Cecil. *História da Ciência*. Tradução, notas e complemente bibliográfico de José Reis. 2ª edição. São Paulo: IBRASA, 1986.

Flower, Derek Adie. *As histórias da maior biblioteca da Antigüidade*. Tradução de Otacílio Nunes e Valter Ponte. São Paulo: Editora Nova Alexandria, 2002.

Galilei, Galileu. *Duas Novas Ciências: incluindo: da força de percussão*. Tradução e notas de Letizio Mariconda e Pablo Rubén Mariconda. São Paulo: Nova Stella Editorial.

_____. *O Ensaiador*. Tradução de Helda Barraco, Carlos Lopes de Mattos, Pablo Rubén Mariconda, Luiz João Baraúna. São Paulo: Nova Cultural (col. Os Pensadores), 1987.

Gaukroger, Stephen. *Descartes: uma biografia intelectual*. Tradução, Vera Ribeiro. Rio de Janeiro: EdUERJ: Contraponto, 1999.

Geymonat, Ludovico. *Galileu Galilei*. Tradução de Eliana Aguiar. Rio de Janeiro: Nova Fronteira, 1997.

Hart, Michael H. *As 100 maiores personalidades da história: uma classificação das pessoas que mais influenciaram a história*. Tradução Antonio Canavarro Pereira. Rio de Janeiro: DIFEL, 2001.

Hellman, Hal. *Grandes debates da ciência: dez das maiores contendas de todos os tempos*. Tradução de José Oscar de Almeida Marques. São Paulo: Editora UNESP, 1999.

Koogan/Houaiss. *Enciclopédia e Dicionário Ilustrado*. Rio de Janeiro: Editora Guanabara Koogan, 1993.

Le Goff, Jacques. *Os intelectuais na Idade Média*. Tradução de Marcos de Castro. Rio de Janeiro: José Olympio, 2003.

Mlodinow, Leonard. *A Janela de Euclides: a história da geometria: das linhas paralelas ao hiperespaço*. Tradução de Enézio E. de Almeida Filho. São Paulo: Geração Editorial, 2004.

Neves, Marcos Cesar Danhoni. *Revista Brasileira de Ensino de Física*. Volume 22, nº 4, pag. 543/556. São Paulo: Publicação da Sociedade Brasileira de Física, 2000.

Newton, Isaac. *O Peso e o Equilíbrio dos Fluidos*. Tradução de Luiz João Baraúna. São Paulo: Abril Cultural (col. Os Pensadores), 1979.

Osserman, Robert. *A magia dos números do universo*. Tradução de Júlia Bárány. São Paulo: Mercuryo, 1997.

Resnick, Robert e Halliday, David. *Física*. Tradução Marcio Quintão Moreno e outros. 2ª Edição. Rio de Janeiro: Livros Técnicos e Científicos Editora S.A., 1979.

Rossi, Paolo. *O nascimento da ciência moderna na Europa*. Tradução de Antonio Angonese. São Paulo: EDUSC, 2001.

Seymour-Smith, Martin. *Os 100 livros que mais influenciaram a humanidade: a história do pensamento dos tempos antigos à atualidade*. Tradução Fausto Wolff. Rio de Janeiro: DIFEL, 2002.

Simaan, Arkan, e Fontaine, Joëlle. *A imagem do mundo: dos babilônios a Newton*. Tradução de Dorothée de Bruchard. São Paulo: Companhia das Letras, 2003.

Simmons, John C. *Os 100 maiores cientistas da história: uma classificação dos cientistas mais influentes do passado e do presente*. Tradução Antonio Canavarro Pereira. Rio de Janeiro: DIFEL, 2002.

Sobel, Dava. *A filha de Galileu: um relato biográfico de ciência, fé e amor*. Tradução Eduardo Brandão. São Paulo: Companhia das Letras, 2000.

Westfall, Richard S. *A vida de Isaac Newton*. Tradução Vera Ribeiro. Rio de Janeiro: Nova Fronteira, 1995.